Welche Moral braucht das digitale Zeitalter?

Hans J. Pirner

Welche Moral braucht das digitale Zeitalter?

Reflexionen zum richtigen Handeln in Wissenschaft und Technik

Hans J. Pirner
Institut für Theoretische Physik
Universität Heidelberg
Heidelberg, Baden-Württemberg
Deutschland

ISBN 978-3-662-71596-3   ISBN 978-3-662-71597-0 (eBook)
https://doi.org/10.1007/978-3-662-71597-0

Die Deutsche Nationalbibliothek verzeichnet diese Publikation in der Deutschen Nationalbibliografie; detaillierte bibliografische Daten sind im Internet über https://portal.dnb.de abrufbar.

© Der/die Herausgeber bzw. der/die Autor(en), exklusiv lizenziert an Springer-Verlag GmbH, DE, ein Teil von Springer Nature 2025

Das Werk einschließlich aller seiner Teile ist urheberrechtlich geschützt. Jede Verwertung, die nicht ausdrücklich vom Urheberrechtsgesetz zugelassen ist, bedarf der vorherigen Zustimmung des Verlags. Das gilt insbesondere für Vervielfältigungen, Bearbeitungen, Übersetzungen, Mikroverfilmungen und die Einspeicherung und Verarbeitung in elektronischen Systemen.
Die Wiedergabe von allgemein beschreibenden Bezeichnungen, Marken, Unternehmensnamen etc. in diesem Werk bedeutet nicht, dass diese frei durch jede Person benutzt werden dürfen. Die Berechtigung zur Benutzung unterliegt, auch ohne gesonderten Hinweis hierzu, den Regeln des Markenrechts. Die Rechte des/der jeweiligen Zeicheninhaber*in sind zu beachten.
Der Verlag, die Autor*innen und die Herausgeber*innen gehen davon aus, dass die Angaben und Informationen in diesem Werk zum Zeitpunkt der Veröffentlichung vollständig und korrekt sind. Weder der Verlag noch die Autor*innen oder die Herausgeber*innen übernehmen, ausdrücklich oder implizit, Gewähr für den Inhalt des Werkes, etwaige Fehler oder Äußerungen. Der Verlag bleibt im Hinblick auf geografische Zuordnungen und Gebietsbezeichnungen in veröffentlichten Karten und Institutionsadressen neutral.

Covermotiv: © stock.adobe.com/Helois/ID 1070323051

Springer ist ein Imprint der eingetragenen Gesellschaft Springer-Verlag GmbH, DE und ist ein Teil von Springer Nature.
Die Anschrift der Gesellschaft ist: Heidelberger Platz 3, 14197 Berlin, Germany

Wenn Sie dieses Produkt entsorgen, geben Sie das Papier bitte zum Recycling.

„There is an urge to be good. To be seen to be good. To be seen. Also to be. Badness, invisibility, things as they are in reality as opposed to things as they seem … these are out of fashion."
Zadie Smith in „No more than ever"

Danksagung

Ich möchte mich bei meinen Kollegen Joachim Funke, Frederike van Oorschot, Jörg Hüfner, Christine Selhuber-Unkel und Klaus Reygers für Ihre Kommentare zu einzelnen Themen des Buchs bedanken. Armin Krauter hat wichtige Gesichtspunkte zur Unternehmenspraxis beigetragen. Hendrik Fleischmann danke ich dafür, dass er das ganze Manuskript sorgfältig gelesen hat. Meine Frau Heide-Marie Lauterer hat mir während des Schreibens geduldig zur Seite gestanden.

Inhaltsverzeichnis

1	**Handeln**	1
	1.1 Das Ereignis am Anfang	1
	1.2 Theorie des Handelns	7
	1.3 Praxis des Handelns	12
	1.4 Szenen eines Spiels	16
2	**Technisches Handeln**	21
	2.1 Erfinden	21
	2.2 Produzieren und Verbessern	27
	2.3 Nutzen und Kontrolle	31
3	**Wissenschaftliches Handeln**	39
	3.1 Handeln, um zu erkennen	39
	3.2 ALICE nicht im Wunderland	48
	3.3 Die Hochenergiephysik in der Energiekrise	55
4	**Anleitungen zum Handeln**	61
	4.1 Die Moral des richtigen Handelns	61

| 4.2 | Die Ethik des guten Handelns | 70 |
| 4.3 | Die Tugenden | 78 |

5 Ethik und die Natur — 83
5.1	Spinozas Eröffnung	83
5.2	Handlungsfelder	86
5.3	Renormierung von Handlungsfeldern	92
5.4	Naturphänomene als Metaphern	95

6 Über die (Un-) Möglichkeit Handlungen zu empfehlen — 101
| 6.1 | Seneca und Sommerfeld | 101 |
| 6.2 | Heidegger über Nietzsche | 104 |

7 Die Rolle der Wissenschaft — 109
7.1	Die Forschung in der Verantwortung	109
7.2	Technikfolgenabschätzung und Technomoral	118
7.3	Das Ich und der Andere	125

8 Technomoral im 21. Jahrhundert — 131
8.1	Weise und intelligent handeln	131
8.2	Das Gesetz des ewigen Wachstums?	135
8.3	Also doch Pflichten	138

9 Ethik des Unternehmens — 141
9.1	Gute Unternehmenspraxis	141
9.2	Die Menschen verbunden mit dem Unternehmen	143
9.3	Die Ziele des Tech-Unternehmens	147

10	**Die Zukunft**	151
	10.1 Wie Menschen und Maschinen zusammenarbeiten	151
	10.2 Das technische Zubehör	158
	10.3 Überleben und Leben	162

Vom selben Autor sind erschienen   169

Technisches Glossar   171

Einleitung

Veränderung ist wesentlich, um die Welt und uns selbst zu verstehen. Der Homo heidelbergensis verbrauchte ungefähr 3 KWh = 2500 Kcal pro Tag – hauptsächlich, um sich zu ernähren. Die Möglichkeit, Feuer zu machen erhöhte den menschlichen Energieumsatz auf 6 kWh. Im Mittelalter benötigte der Mensch viermal mehr Energie zum Herstellen von Kleidung, beim Hausbau und in der Metallurgie. Im Jahr 2020 konsumiert jede Person pro Tag schon 58 kWh. Das menschliche Handeln führt zu einem zeitlichen Wachstum, das dem Anwachsen der Reiskörner auf einem Schachbrett gleicht, auf dessen ersten Feld man 1 Reiskorn legt und auf den weiteren Feldern die Anzahl der Reiskörner jeweils verdoppelt. So erhöht sich die Menge pro Schritt zunehmend stark: Von 2, 4, 8, 16, 32, 64, 128 zu 256 Reiskörnern und weiter. Man sagt, sie wächst exponentiell. Wir können nicht ignorieren, dass unser Energieverbrauch exponentiell gewachsen ist. Fast unabhängig vom Energievorrat auf der Erde wird die verfügbare fossile Energie in einem Zeitraum von weiteren 50 Jahren aufgebraucht sein, wenn wir berücksichtigen, dass unser Energiekonsum in den letzten 50 Jahren um einen Faktor 2.7 gestiegen ist. Die Naturgesetze schränken also Handeln ein, das wiederum durch die Technik bestimmt ist. Wenn wir nicht den permanenten Energiestrom von der Sonne oder die Kernkraft nutzen, wird unsere Zivilisation, wie wir sie heute kennen, nicht überleben können. Die sich daraus ergebende Technikmoral soll in diesem Buch beleuchtet werden.

Die zu Grunde liegende Hypothese ist, dass neue Technologien die Moral mehr verändern als politische oder ökonomische Entwicklungen. Was ist gut? Eine häufige gegenwärtige Antwort auf diese Frage lautet, etwas sei gut, weil es funktioniert. Die Formulierung zeigt, wie der technisch einwandfreie Betrieb das ethische Denken beeinflusst hat. Digitale Medien erzeugen neue Fragen. Das Internet und andere elektronische Medien fördern die Entkörperung der Kommunikation. Ohne menschliche, technisch unvermittelte Nähe ist es schwer, moralisch zu handeln. Wer sich nicht von Angesicht zu Angesicht sieht, spürt nicht die Gegenwart und Verletzlichkeit des anderen.

Nachdem ich mich mit Physik und Erkenntnistheorie beschäftigt hatte, spürte ich eine besondere Herausforderung, mich dem praktischen Problem des Handelns zuzuwenden. Was macht man mit dem Wissen, das die empirische Forschung produziert? Braucht man besondere Werte, es anzuwenden? Meine Beschäftigung mit Ereignissen[1] endete mit einer tiefen Betroffenheit. Ich begriff die bevorzugte Rolle, in der wir uns im zivilisierten Westen befinden. Materieller Wohlstand, Frieden und eine

---

[1] Hans J. Pirner, Ereignisse, Strukturen und Prozesse, Die Graue Edition, 2022.

geregelte politische Zukunft schenken uns die Freiheit, über die praktische Vernunft nachzudenken.[2]

Diese Gaben bedeuten aber auch Aufgaben, denen wir uns erst bewusstwerden, wenn eines dieser Güter fehlt. Der wahrgenommene Frieden beruhte hauptsächlich darauf, dass wir den Krieg und die Zerstörung ausblendeten, die weit weg von uns stattfanden. Dies kann sich aber schnell ändern, wie wir gesehen haben. Die Erderwärmung und Luftverschmutzung durch fossile Brennstoffe und andere damit assoziierte Probleme wie das Abschmelzen der Polkappen sowie der Anstieg der Ozeane fordern schon länger unsere höchste Aufmerksamkeit. Mit ihnen stellt sich das Problem des Handelns, das sich für jeden neu präsentiert. Ich gehöre zu den Personen, die in ihrem Berufsleben viel mit theoretischen und weniger mit praktischen Problemen zu tun hatten. Als theoretischer Physiker ist man hauptsächlich mit seinen Formeln beschäftigt. Es besteht also die Gefahr, wichtige Aspekte des Handelns zu übersehen. Deshalb fand ich es sehr spannend, mir darüber Gedanken zu machen.

Die folgende Studie über die Moral im digitalen Zeitalter beginnt mit einer Analyse der Formen des Handelns. Wie kann man die einzelnen Schritte einer Handlung verstehen (Kap. 1)? Wo sind die Schaltstellen, an denen der reine Verstand, die praktische Vernunft und der spezifische Entschluss ineinandergreifen? Zur Illustration analysiere ich ein Spiel, das einen ersten Eindruck vermittelt, wie diese einzelnen Bausteine sich ordnen. Das Golfspiel ist ein sehr technischer Sport und eignet sich deswegen gut zu einer Einführung in das technische Handeln.

---

[2] Epikur mahnt dem Glücklichen: „Gedenkt er nicht des ihm zuteil gewordenen Guten, so ist er schon heute ein Greis geworden.", Briefe, Sprüche, Werkfragmente, Stuttgart 1985, S. 83 Spruch 19.

Mit Inhalt erfüllen lässt sich nur, was Form hat. Das gilt auch für die Form des Handelns. Eine der Formen des Handelns ist technisches Handeln (Kap. 2). Die meiste Technikphilosophie konzentriert sich auf technische Gegenstände. Diese gehen kaputt oder wandeln sich, weil die Menschen sie an ihre Bedürfnisse anpassen. Im Gegensatz zur unregelmäßigen Entwicklung technischer Objekte entwickelt sich technisches Handeln kontinuierlich. Am Anfang steht eine technische Erfindung, die verbessert wird, bis sie eine gewisse Reife erlangt. Das entstandene Produkt soll die Bedürfnisse des Nutzers befriedigen und gut zu kontrollieren sein. Ist dies ein Aspekt einer guten Moral?

Technisches Handeln beruht zum Teil auf wissenschaftlichen Vorarbeiten. Im Kap. 3 werde ich zeigen, dass wissenschaftliches Handeln eine Form des Handelns darstellt, neue Erkenntnisse zu gewinnen. Als Beispiel dient das ALICE-Experiment, an dem zweitausend Forschende beteiligt sind. Es zeigt, dass in der heutigen Grundlagenforschung die Zusammenarbeit, d. h. soziales Handeln immer wichtiger wird. Ein Unterkapitel widme ich der Frage, was man unternimmt, wenn der wissenschaftliche Betrieb mit ökologischen Interessen kollidiert.

In Kap. 4 betrachte ich die Ethik des Handelns genauer, insbesondere die Frage, wie sich im digitalen Zeitalter neue Probleme ergeben haben. Ich unterscheide die Moral des richtigen Handelns von der Ethik des guten Handelns. Die Pflege der Tugenden fördert beide. Von den 12 Tugenden diskutiere ich besonders solche, die helfen, sich einer ungewissen Zukunft zu stellen.

Kap. 5 fragt nach, inwieweit die Ethik naturgemäß sein kann. Wenn man die Tatsachen kennt, kann man dann automatisch gut handeln? Handlungsfelder sind Elemente der angewandten Ethik. Sie erlauben, die obige Frage kritisch zu beantworten, weil sie sowohl das bewusste Individuum als auch das Umfeld betrachten, in dem Entscheidungen getroffen werden. In dieser Situation reflektiere ich die (Un-)Möglichkeit, Handlungen zu empfehlen (Kap. 6).

Was macht die Moral zu einem wichtigen Teil der Technikphilosophie? Was fordert sie vom Wissenschaftler und von der Wissenschaftlerin (Kap. 7)? Wo müssen sie sich ihrer Verantwortung besonders bewusst sein? Wie können sie die Folgen ihrer Arbeit abschätzen? Die speziellen Aspekte der Technomoral im 21. Jahrhundert bestimmen die Themen des Kap. 8. Shannon Vallor[3] hat den Begriff Technomoral geprägt, der die enge Verbindung und gegenseitige Beeinflussung von Technik und Moral beinhaltet. Wer „smart" handelt, handelt nicht unbedingt intelligent, da er nur ein sehr begrenztes Problem löst. Ich werde hier einige Vorurteile zurückweisen, die in der Diskussion immer wieder auftauchen. Gewisse unternehmerisch Tätige in der Hochtechnologie versprechen ewiges quantitatives Wachstum. Dies erscheint mir mit moralischem Handeln nicht vereinbar.

Über eine gute Unternehmenspraxis hinaus gibt es besondere Herausforderungen an Unternehmen, einer globalisierten technischen Welt zu begegnen. Kap. 9 widmet sich diesen Aufgaben.

Die Zukunft eröffnet vielfältige Möglichkeiten für neue Erfindungen und Innovationen (Kap. 10). Die Technik folgt der beschleunigten Entwicklung der modernen Wissenschaften, führt sie manchmal auch an. Sie bildet aber nur ein notwendiges „Zubehör" unseres Lebens. Im Wort Zubehör steckt das Verb „hören", d. h. den Anweisungen der Person folgen, zu der es gehört.

---

[3] Shannon Vallor, Technology and the Virtues: A Philosophical Guide to a Future Worth Wanting, Oxford University Press, 2016.

XVIII Einleitung

Meine Gedanken zur Technik und Moral nehmen die traditionelle Unterteilung auf, die Poiesis und Praxis unterscheidet. Technisches und wissenschaftliches Handeln ist Poiesis,[4] deren Ergebnis ein wohldefiniertes Produkt ist. Praktisches Handeln orientiert sich an dem Ziel, richtig oder gut zu handeln. Diese Formen des Handelns bilden den Rahmen der folgenden Abhandlung.

---

[4] Poiesis bezeichnet in der griechischen Philosophie das „Machen", „Erzeugen", „Schaffen" oder „Herstellen".

1

Handeln

1.1 Das Ereignis am Anfang

Was gleich bleibt, fällt nicht auf. Veränderungen hingegen ziehen Aufmerksamkeit auf sich. Geschichten leben von Personen, deren Taten und Handlungen besondere Ereignisse markieren. Was sind Ereignisse? Ereignisse sind im Allgemeinen unerwartete und überraschende Begebenheiten, Teile der Wirklichkeit, die in Zeit und Raum lokalisiert sind.[1] Beispiele für aktuelle Ereignisse des 21. Jahrhunderts sind der Angriff auf das World Trade Center (11. September 2001, New York), die Finanzkrise mit dem Bankrott der Bank Lehman Brothers (15. September 2008, New York) und der Beginn des Ukraine-Kriegs (20. Februar 2014, Krim). Wenn sie kausal miteinander

---

[1] Hans J. Pirner, Ereignisse, Strukturen und Prozesse – Wie Geist und Natur zusammenwirken, Die Graue Edition, 2022.

© Der/die Autor(en), exklusiv lizenziert an Springer-Verlag GmbH, DE, ein Teil von Springer Nature 2025
H. J. Pirner, *Welche Moral braucht das digitale Zeitalter?*,
https://doi.org/10.1007/978-3-662-71597-0_1

verbunden sind, wie das Erhitzen von Wasser und dessen Übergang in Wasserdampf, dann bilden sie eine Ereigniskette. Solche Ketten können sich vereinigen und zu größeren Prozessen führen, in denen sie sich wechselseitig durchdringen. Ereignisse gibt es nur als neue Ereignisse. Manche lassen sich nicht gut lokalisieren, wie der Beginn der Covid-Pandemie im Dezember 2019 in Wuhan. Sich wiederholende Ereignisse bilden eine Menge, auf die man Gesetze der Wahrscheinlichkeitstheorie anwenden kann. Feste wohldefinierte Umstände lassen Gesetze formulieren, welche die Grundlagen der Naturwissenschaften bilden. Wenn Ereignisse wichtig sind, dann möchte man wissen, was sie verursacht hat. Oft treten Personen oder Objekte zusammen als Urheber auf. Die kausale Rekonstruktion eines Ereignisses, ebenso wie die spekulative Fortsetzung einer Ereignisgeschichte bilden einen bedeutenden Teil des vernünftigen Denkens.

Das Ereignis ist immer etwas, das auf einen zukommt (événement oder event). Das französische und das englische Wort betonen das passive Erleben eines äußerlichen oder innerlichen Geschehens. Im zeitlichen Augenblick als „Eräugnis"[2] ist es sinnlich gegenwärtig. In der zeitlichen Abfolge muss man regelmäßige und außergewöhnliche Ereignisse unterscheiden. Auch ist der Ort des Ereignisses relevant. In einer großen Menschenmenge erregt die einzelne Bewegung einer anderen Person, die einem nahekommt, keine besondere Aufmerksamkeit, während auf einem freien Platz eine solche Annäherung überrascht.

Ereignisse sind oft Situationen, über die wir nicht hinauskönnen, die wir nicht ändern können.[3] Nach Karl

---

[2] Martin Heidegger, Beiträge zur Philosophie (Vom Ereignis, 1936–1938), Frankfurt am Main, 1989, S. 30.
[3] Karl Jaspers, Einführung in die Philosophie, München 1961, S. 20.

Jaspers (1883–1969) führt das Bewusstsein für diese Grenzsituationen an den Ursprung der Philosophie. Eine Katastrophe, eine Pandemie oder Krieg testen unsere Fähigkeiten, mit kritischen Ereignissen umzugehen. Ereignisse betonen das äußerliche Geschehen, das als solches hinzunehmen ist.

Gibt es ethische Ereignisse?[4] Natürliche Ereignisse sind Teil einer kausal determinierten Kette von Ereignissen, deren geistiger Pol die zu Grunde liegenden Strukturen sind. Ethische Ereignisse dagegen zeichnen sich durch eine autonome Entscheidung aus, die in Freiheit das Gute will. Die Zweiheit – hier die strenge Kausalität der natürlichen Ereignisse, dort der freie Willensakt von vernunftbegabten Personen eröffnet ein Paradox, das die Philosophie versucht hat, kompatibel zu machen. Empfindungen und Gefühlserlebnisse werden von der wahrnehmenden Person geprägt. Sie beruhen auf der Aktivität des Subjekts, d. h. sie sind eine geistige Leistung. Das Ereignis umfasst den externen Vorgang und die Entwicklung des mit ihm in Beziehung tretenden Subjekts. Meine Hypothese ist, dass sich das Ereignis in der Person und das Ereignis in der Umgebung der handelnden Person verbinden. Beide gehören zum Handlungsfeld, das eine Trennung unmöglich macht. Ereignisse heben die Dualität von natürlicher Umgebung und geistiger Entscheidung auf.[5] Selten konzentrieren sich ethische Entscheidungen nur auf einen einzigen Akt. Am Beispiel des Streits ist das gut erkennbar: Zwei

---

[4] David Espinet, Ereigniskritik, zu einer Grundfigur der Moderne bei Kant, 2017, Berlin/Boston. In dieser Abhandlung werden natürliche Ereignisse als trivial bezeichnet; dieser Charakterisierung kann ich nicht zustimmen. Außerdem sollen sie nur regressiv, d. h. in die Vergangenheit gerichtet erklärt werden, was die ganze Konstruktion der naturwissenschaftlichen Prognose infrage stellt.

[5] Hans J. Pirner, Ereignisse, Strukturen und Prozesse, Wie Geist und Natur zusammenwirken, 2022, Zug, S. 229 ff.

Geschwister befehden sich. Anfänglich reiben sie sich nur an Kleinigkeiten. Einer vergisst nicht die Beschimpfung des andern. Groll entsteht. Dann stirbt ein Elternteil und offene Feindschaft bricht aus. Man muss also besser von einem ethischen Prozess sprechen, der sich aus vielen einzelnen Ereignissen zusammensetzt.

Der Mensch als Urheber von Ereignissen verändert beständig die Welt durch seine Taten. Meine Untersuchung konzentriert sich auf die Analyse des Handelns. Wenn jemand nur reagiert, spricht man nicht vom Handeln, sondern vom Verhalten der Person. Der Mensch muss sich bewusst sein, um zu handeln. Bevor er handelt, denkt er also nach, was zu tun ist. Dann kann er die zukünftigen Schritte planen. Aber was überlegt der Mensch, welche Fragen bewegen ihn, wenn das Umfeld der Handlung technologisch komplex ist? Wie soll er vernünftig handeln? Reicht das analytische Denken aus, das Handeln so zu strukturieren, dass es erfolgreich ist? Ist es nicht wichtiger, richtig zu handeln? Gibt es universelle Regeln dafür? Was unterscheidet richtiges Handeln von gutem Handeln? Welche Ethiken des guten Handelns gibt es? Die Fragen nach den Formen des Handelns münden schnell in philosophische Fragen, wie man leben soll.

Eine ethische Lebensführung ist aber nicht eine theoretische Konstruktion oder ein ästhetisches Gedankengebäude. Sören Kierkegaard (1813–1855), der dänische Philosoph, der in Theologie über den „Begriff der Ironie in ständiger Hinsicht auf Sokrates" promoviert hat, gilt als Vorreiter des Existenzialismus. Er verliebt sich unglücklich in ein 10 Jahre jüngeres Mädchen, verlobt sich mit ihr, um nicht viel später mit ihr zu brechen. Er bereitet diese Geschichte in dem Buch „Entweder-Oder" philosophisch auf. Im ersten Teil des Buchs erinnert er die ästhetische Lebenslust einer Person , die hauptsächlich wahrnehmend lebt. Im zweiten Teil erforscht er das Individuum, wie es konkret handeln[6] soll: „Wer ästhetisch lebt, sieht ... überall nur Möglichkeiten, diese machen für ihn den Inhalt der zukünftigen Zeit aus, während derjenige, der ethisch lebt, überall Aufgaben sieht."

Welche Aufgaben stellen uns die Technik und die Wissenschaften? Wie sollen Ingenieure und Wissenschaftler mit der Technik umgehen?[7] Und wie sollen die Geldgeber und Unternehmer handeln? Wissenschaftler sind gewohnt, theoretisch empirische Untersuchungen von normativen Entscheidungen zu trennen. Sie behaupten, Wissenschaft sei nicht von Werturteilen betroffen, sie sei ihnen gegenüber quasi neutral. Die wissenschaftliche Methode liefere Resultate, die richtig und wahr sind. Moralische Urteile jedoch beträfen das Gute, über das man streiten könne. Diese Ansicht übergeht allerdings, dass die Ergebnisse der Forschung immer vorläufig sind und durch neuere Arbeiten verbessert werden. Kohärenz und Einfachheit der theoretischen Annahmen spielen dabei eine wichtige Rolle. Die Urteile darüber aber sind Werturteile, sodass das Verstehen von Tatsachen von der Erkenntnis über Werte abhängt. Auch umgekehrt können Werturteile nur gefällt werden, wenn eine ausreichende Kenntnis der Tatsachen existiert. Es gibt in der Ethik moralische Beobachtungssätze, wie Olaf L. Müller hervorgehoben hat.[8] Wenn vor unseren Augen eine Katze mit Benzin übergossen und angezündet wird, dann trifft der Satz zu: „Dies ist sichtbar moralisch falsch." Detaillierte empirische Erkenntnisse

---

[6] Sören Kierkegaard, Entweder/Oder, https://zeitfuerdich.files.wordpress.com/2014/01/kierkegaard-entweder-oder-lebensfragmant.pdf, S. 475.
[7] Es gibt eine explizite Disziplin „Progress Studies", die sich dieser Frage widmen will. *Siehe* Patrick Collison und Tyler Cowen „We Need a New Science of Progress, Humanity needs to get better at knowing how to get better. The Atlantic July 30, 2019.
[8] https://philpapers.org/archive/MLLFOH-2.pdf.

erzeugen normative Fragen und umgekehrt müssen neue normative Entscheidungen empirisch untersucht werden.

Naturereignisse lösen in der Natur eine spontane Reaktion aus. Wenn die Temperatur der Luft steigt, werden die Ozeane wärmer, der Boden trocknet aus und die Gletscher in den Gebirgen ziehen sich zurück. Das ist die einfache Thermodynamik der leblosen Materie. Die lebenden Pflanzen und Tiere reagieren auf die Veränderungen der Umwelt. Ein Tier reagiert auf ein plötzliches lautes Geräusch mit einem Reflex des Schreckens, springt auf, erstarrt oder verbirgt sich. Neben der spontanen Reaktion gibt es aber auch programmiertes Verhalten: Die Sonnenblume richtet sich nach der Sonne. Sie folgt damit einem vorprogrammierten Tag/Nacht-Rhythmus, der aber nicht vom augenblicklichen Stand der Sonne abhängt.

Überraschende Veränderungen in einem großen Raum dominieren lokal begrenzte und überschaubare Ereignisse. Eine Epidemie mit einer schnell wachsenden Anzahl von infizierten Personen ist auffälliger als ein fortbestehendes Krankheitsrisiko, dessen konstante Rate leichter überwacht werden kann. Im ersten Fall ist es wichtig, die Infektionskette zu rekonstruieren, um die entsprechende Gruppe von Personen zu isolieren. Solche kausalen Ketten von Ereignissen sind essenziell, um angemessene Reaktionen auf ein spezielles Ereignis zu entwickeln. Oft verläuft sich diese Rekonstruktion aber irgendwo in den Anfängen. Mit dem Sprichwort „Große Ereignisse werfen ihre Schatten voraus" ist der Glaube verbunden, wichtige Ereignisse vorherzusehen. Leider besteht ein großer Teil unserer Analysen nur in der Nacharbeit der Vergangenheit.

Moderne Technologien, wie die künstliche Intelligenz, vielseitige Roboter oder Quantenrechner beunruhigen, weil wir nicht genau verstehen, welche Ziele wir mit ihrer Entwicklung verfolgen. Erweitern wir durch sie unsere Möglichkeiten oder verbessern sie nur Geschäftsprozesse?

Können wir den zukünftigen Zustand des Planeten Erde erahnen, der sich aus ihrer Anwendung ergibt? Welchen Endzweck haben sie? Unsere Zukunft wird davon abhängen, wie wir mögliche Katastrophen überleben, sie ist aber auch eng an unsere Fähigkeit gebunden, gut und sinnvoll zu leben. Auf der Suche nach diesem guten Leben muss man die Formen des Handelns betrachten.

1.2 Theorie des Handelns

Eine Handlung ist ursprünglich eine Tätigkeit, die mit der Hand ausgeführt wird. Handlung bedeutet, Hand an etwas legen, um etwas zu verändern. Einen Finger zu krümmen, ist noch keine Handlung, doch mit diesem Finger eine Pistole abzuschießen, ist eine Handlung. Genauso sind die Zügel in die Hand nehmen oder die Hand an den Pflug legen Handlungen. Oft sind Handlungen mit zwei oder mehr Möglichkeiten verbunden, zwischen denen man wählen muss. Eine Person muss sich entscheiden zwischen dem Lesen eines lehrreichen Buches, das ihr nur einmal zu Händen kommt, und der Gelegenheit, ins Kino zu gehen. Soll sie ein vernünftiges Gespräch fortsetzen oder die TV-Nachrichten anschauen? Handeln schließt immer eine Phase des Überlegens ein.

Spontane Reaktionen dagegen berühren das menschliche Verhalten. Psychologie und Physiologie haben sie aufmerksam untersucht. Erröten, Schwitzen und erhöhter Blutdruck sind Ereignisse des menschlichen Körpers, die durch das äußere Ereignis hervorgerufen werden. Verhalten ist passiv, im Gegensatz zum Handeln, das aktiv ist.

Handeln kann bedeuten, etwas herzustellen. Der technisch Handelnde will einen Grundstoff der Natur in eine andere Form bringen, sodass der so geformte Stoff zu etwas gut ist. Während das Ergebnis des technischen

Herstellens als Produkt erkennbar ist, wird häufig kritisiert, dass politisches Handeln „unproduktiv" sei. Dieses Handeln stellt kein neues materielles Gut her. Sein Ziel ist, die Interessen der verschiedenen „Handelspartner" auszugleichen. Diese können einzelne Personen oder Gruppen von Personen sein. Um von der Handlung einer Gruppe zu sprechen, müssen alle Mitglieder der Gruppe oder mindestens eine Mehrheit der Gruppe die Motive und Ziele kennen und akzeptieren.

Man kann Handeln als „Vollbringen ... etwas in die Fülle seines Wesens entfalten" ansehen.[9] Ich möchte Handeln als Folge oder Ansammlung von Mikroereignissen betrachten. Mittels einer solchen Analyse erkennt man die Motive, Mittel und Wege der Handlung und ihre miteinander verschlungenen Abhängigkeiten. Lassen Sie mich diese einzelnen Bausteine einer Handlung an einem Beispiel diskutieren: X möchte nach Frankreich fahren (1), dieses Ziel A kann schon einige Jahre bestehen, bevor er beschließt, nach Frankreich zu fahren. Um die Handlung zu beginnen, braucht es ein auslösendes Ereignis. Es ist schwierig ohne dieses Ereignis, den Anfang einer Handlung zu spezifizieren. Das warme Frühlingswetter z. B. kann der positive Anlass sein, damit X nach Frankreich fahren will. In anderen Handlungsketten mag der Anlass ein bedrohliches Ereignis sein, das zum Auslöser der Handlung wird. Das Attentat von Sarajewo, das zum Ausbruch des 1. Weltkriegs führte, war so ein negatives auslösendes Moment. Die Absicht Krieg zu führen, war schon vorherrschend, aber es brauchte dieses Ereignis.

Damit die Handlung realisiert wird, muss X in Frankreich ankommen, d. h. A muss geschehen (6). Dazwischen

---

[9] Martin Heidegger, Über den Humanismus, Frankfurt 1981, S. 5 „Wir bedenken das Wesen des Handelns noch lange nicht entschieden genug".

liegen mehrere Schritte. X muss überlegen, wie er nach Frankreich kommt. Er muss ein Mittel B auswählen (2). Es gibt viele verschiedene Wege dorthin. Er könnte den Zug oder das Auto nehmen. Wenn er sich entschließt, muss er sicher sein oder zumindest glauben (3), dass B ein angemessenes Transportmittel ist, um ihn nach A, d. h., nach Frankreich zu bringen. Der Kauf eines neuen Wagens kann die Autofahrt B realistisch machen, A zu erreichen. Wenn X nach diesen Vorbereitungen die Reise antreten will (4), kann es losgehen. Einer Handlung liegt immer eine Willensentscheidung zu Grunde, mit einer Absicht, die in Ferne auf ein Ziel gerichtet ist. Die Intention ist ein charakteristisches Merkmal jeder Handlung. Sie unterscheidet Handeln von reinem Verhalten. X tut B (5). Die abstrakte Analyse zeigt nicht die Unterhandlungen von (5). Er muss Koffer packen, das Auto volltanken und einen günstigen Zeitpunkt für die Abfahrt und Ankunft wählen. Jeder dieser Tätigkeiten verzweigt sich wieder in kleinere Aktivitäten, von denen viele quasi automatisch vor sich gehen. Wenn alles gut geht, dann kommt X in Frankreich an (6).

In dem Buch[10] „Analytical Philosophy of Action" unterscheidet Arthur Danto (1924–2013) sechs Teilaspekte einer Handlung, die ich an dem obigen Beispiel erläutert habe. Ein Agent X handelt, um das Ziel A zu erreichen.

(1) X möchte, dass A geschieht
(2) B ist ein Mittel, das A ermöglicht
(3) X glaubt, dass B zu A führt
(4) X will A
(5) X tut B
(6) A geschieht

---

[10] Arthur C. Danto, Analytical Philosophy of Action, Cambridge 1973, S. 8 ff.

Der analytische Philosoph betrachtet in diesem Buch nicht die soziale Umgebung, in der eine Handlung stattfindet. Danto wollte ursprünglich Künstler werden, studierte aber dann Philosophie an der Columbia Universität, wo er auch später als Professor lehrte. Er war einer der Unterzeichner des neuen humanistischen Manifests.[11] Handeln gibt es selten ohne Mithandelnde. Im obigen Beispiel ist da die Familie um X, die jede Abreise etwas komplizierter macht. Oft sind Handelnde Händler, die in Gesellschaft tätig sind. Sie verkaufen oder kaufen Waren auf einem Marktplatz, dem Zentrum eines Dorfes oder einer Stadt. Dort tauschen sie ihre persönlichen Meinungen aus und bereiten ihre geschäftlichen Entscheidungen vor. Hannah Arendt schreibt in dem Buch[12] „Vita Activa", dass die Menschen sich durch das Handeln als Individuen auszeichnen. Sie zeigen durch ihre Handlungen, wer sie sind.

Die Analyse von Danto übersieht aber noch einen zweiten Aspekt der Handlung. Nicht nur ist der Anfang einer Handlung schwer zu bestimmen, sondern auch das Ende jeder Handlung ist vage. Eine Tätigkeit mit dem Ziel A wird nicht enden, selbst wenn A erreicht ist, weil sie im Zuge der Verwirklichung von A viele andere Ereignisstränge initiiert hat. Hannah Arendt spricht[13] „von der Zähigkeit des Getanen, das an Dauerhaftigkeit alle anderen Erzeugnisse von Menschenhand übertrifft". Der Ausgang der Prozesse, die mit der Erreichung des Ziels A

---

[11] https://web.archive.org/web/20121020110719/http://www.americanhumanist.org/humanism/Humanist_Manifesto_II.
[12] Hannah Arendt, Vita Activa oder vom tätigen Leben, München 1981.
[13] Hannah Arendt, ibidem S. 228.

verbunden sind, führt in eine unbestimmte Zukunft. Obwohl die jeweiligen Ziele von Handlungen gut abgeschätzt werden, befindet sich der genaue Prozess der Folgen im Nebel zukünftiger technischer und sozialer Entwicklungen. Seit technische Innovationen mit großer Schnelligkeit aufeinanderfolgen, wird der vorhersehbare zeitliche Horizont immer kürzer. Die Disziplin der Technikfolgenabschätzung kann zwar versuchen, technische Innovationen zu bewerten, deren zukünftige Entwicklung unsicher ist, aber zukünftige Risiken bleiben schwer einzuschätzen, wenn große Risiken mit kleinen Wahrscheinlichkeiten auftreten. Ein Beispiel dafür ist der größte anzunehmende Unfall (GAU) eines Kernkraftwerks, der zur Kernschmelze und dem Austreten von Radioaktivität führt. Wenn man von der Verantwortung des Handelnden spricht, nimmt man an, dass die Folgen einer Handlung vorhersehbar sind. Die Zukunft beeinflusst dann die Entscheidung des Agenten in der Gegenwart.

Dabei geht man davon aus, dass die handelnde Person einen Sinn zwischen den Ereignissen der Vergangenheit und der anstehenden Handlung herstellen kann. Gibt es eine Gesetzmäßigkeit in den vergangenen Ereignissen oder sind sie so komplex und undurchschaubar, dass jede Teilnahme am Geschehen nutzlos wirkt? Besonders die Komplexität moderner Gesellschaften und die Vernetzung lokaler Probleme mit globalen Konflikten lässt leicht Verlegenheit aufkommen, wenn wichtige Entscheidungen gefällt werden müssen. Ohne die eigene Position zu kennen, selbst wenn sie nur begrenzte Möglichkeiten bietet, kann man nicht entscheiden, was zu tun ist. Wenn die Person das äußere Ereignis aufmerksam beobachtet, einen Schritt zur Seite macht und fragt, was zu tun sei, beginnt die mögliche Handlung.

1.3 Praxis des Handelns

Es gibt drei charakteristische Denkfiguren, um die Praxis des Handelns zu erläutern. Sie orientieren sich an den folgenden drei Fragen: Was will ich tun? Wie kann ich es erreichen? Was soll ich tun? Welche Antwort am wichtigsten ist, wird je nach der Situation verschieden sein. Neigungen und Leidenschaften beeinflussen unser Begehren. Vernunftgründe reichen nicht aus, um Willensentscheidungen zu bestimmen. Trotzdem können moralische Bedenken unser Wünschen leiten.[14] Sie bestimmen die *subjektive* Vernunft. Mit der zweiten Frage „Wie kann ich mein Ziel erreichen?" analysiert die Person das Vermögen und die Mittel, eine Absicht zu verwirklichen. Die dazu nötige *instrumentelle* Vernunft konzentriert sich auf die effiziente Wahl der Mittel, um ein vorgegebenes Ziel zu erreichen. Sie ist kritisiert[15] worden, da sie nur die wirtschaftliche Rationalität der Handlung ohne Rücksicht auf die moralischen Werte berücksichtigt. Die *praktische* Vernunft[16] dagegen reflektiert die Zwecke im Licht übergeordneter Werte. Sie begrenzt die Gefühlsregungen, indem sie normativen Prinzipien folgt, die konsistent und universell sein sollen. Die praktische Vernunft ist eine objektiv gültige Vernunft, welche die Autonomie aller Beteiligten respektiert.

Max Weber[17] sieht Handeln als den Modus einer einzelnen Person an. „Handeln im Sinn sinnhaft verständlicher

---

[14] David Hume, A Treatise on Human Nature, Sect. III of the influencing motives of the will, https://www.gutenberg.org/files/4705/4705-h/4705-h.htm#link2H_4_0075.

[15] Jürgen Habermas, Theorie und Praxis, Neuwied 1967, S. 247.

[16] Immanuel Kant, Moralische Schriften, Von den Grundsätzen der praktischen Vernunft, Leipzig 1920, S. 130.

[17] Max Weber, Wirtschaft und Gesellschaft, § 1.1.9 Methodische Grundlagen, https://mwg-digital.badw.de/wirtschaft-und-gesellschaft/1/#editionstext_1_1_0.

Orientierung des eignen Verhaltens gibt es für uns stets nur als Verhalten von einer oder mehreren *einzelnen* Personen." Er unterscheidet rationales Handeln und unreflektiertes Verhalten. In Bürokratien und durchorganisierten Betrieben läuft ein großer Teil des täglichen Handelns schematisch nach bekannten Mustern ab. Das digitale Zeitalter hat den globalen Finanzkapitalismus sowie die Massendemokratie und die staatliche Leistungsverwaltung drastisch verändert. Wenn Ereignisse in der Außenwelt die gewohnte Routine durchbrechen, beginnt das Individuum zu reflektieren, was zu tun ist.

Andere Soziologen lassen auch kollektive Agenten wie Staaten, Nationen oder Genossenschaften als Handlungssubjekte zu. Noch mehr Komplexität ergibt sich, wenn neben menschlichen Agenten Elemente der Umwelt oder der Natur als Akteure auftreten können. Durch diese Erweiterung verlieren die Rationalität und die Werte individuell Handelnder an Bedeutung. Theoretisch kann ein Netzwerk von menschlichen und nichtmenschlichen Akteuren Wechselwirkungen vielleicht besser erklären. Aber können technische Systeme ohne Menschen „aktiv" werden und wirklich handlungsfähig sein? Ich möchte den Handlungsbegriff auf Personen beschränken, weil allein Personen auch Verantwortung übernehmen können.

Man unterscheidet Taktik und Strategie der Handlung, nämlich welche nächsten Schritte und welche langfristigen Ziele mit der Handlung in der Zukunft verbunden sind. Diese ursprünglich mit dem militärischen Fachwissen verbundenen Begriffe haben sich jetzt auch in der Politik und Wirtschaft etabliert. Dafür sind strategische Modelle entwickelt worden, die den gegenwärtigen Zustand durch Anfangsbedingungen spezifizieren und dann die einzelnen Schritte programmieren, die diesen Zustand in die Zukunft fortsetzen. Die Wahl der einzelnen Aktionen bestimmt das taktische Vorgehen. An kritischen Stellen verzweigt sich die Ereignisfolge in mögliche Fortsetzungen, die mit gewissen Wahrscheinlichkeiten auftreten. Ein expliziter Algorithmus oder theoretische Spielregeln entscheiden über die Entwicklung. Am Ende entwirft das Modell den optimalen Weg im Ereignisbaum. Verschiedene Strategien fassen ähnliche Ereignisse kreativ zusammen. Natürlich ist kein Modell vollständig. Jeder Plan hängt von der Entwicklung der äußeren Umstände ab, die der Zufall mitbestimmt. Einige Alternativen sind zu verwerfen, weil sie intuitiv nicht dem Charakter oder den Fähigkeiten des Entscheidungsträgers entsprechen.

Was passiert, wenn der Entscheider eine Handlung unterlässt? Ebenso wie die Handlung selbst, kann Nichthandeln eine ethisch wohl überlegte Entscheidung sein. Es geht mir dabei nicht um die moralische Fehlhaltung, wie z. B. ein ertrinkendes Kind nicht zu retten, oder einem Unfallopfer nicht beizustehen, sodass es keine notwendige medizinische Behandlung bekommt. Ich möchte die besonderen Gründe betrachten, die ein Individuum verleiten, sich bewusst einer Handlung zu enthalten.

Ein bizarres literarisches Beispiel ist Herman Melvilles[18] Bartleby, der Lohnschreiber. Anfangs erledigt er ein gutes Pensum an Schreibarbeit. Eines Tages aber verweigert er, Kopien zu kontrollieren mit den Worten: „Es ist mir eigentlich nicht genehm." („I would prefer not to.") Die Geschichte endet tragisch mit dem Tod des Schreibers. Der Autor trägt eine mögliche Erklärung des Nichthandelns Bartlebys nach. Als kleiner Angestellter im Postbüro sei er für unzustellbare Briefe zuständig gewesen und plötzlich infolge eines Wechsels der Regierung entlassen worden. Die Adressaten der Briefe waren verstorben, bevor

---

[18] Herman Melville, Billy Budd – Die großen Erzählungen –, München 2009, S. 27.

sie die letzte Botschaft ihrer Freunde erreichte. Dieses Ereignis in der Vergangenheit hat Bartlebys Fähigkeit eingeschränkt, in der Gegenwart zu handeln.

Auch der schnelle Fluss von Ereignissen kann Handlungen blockieren. Die Person wird von ihnen überwältigt, sodass sie nicht sofort reagiert. Sie will sich mehr Zeit ausbedingen. Da die Folgen der Handlung ihr nicht übersehbar sind, möchte sie abwarten, bis sich der Nebel über der Zukunft gelichtet hat und sie vernünftig agieren kann. Das chinesische Denken bevorzugt eine andere Methode herauszufinden, was zu tun ist. Es hebt im Gegensatz zur Planung zukünftiger Ereignisse die Analyse gegenwärtiger Ereignisse hervor. In der östlichen Philosophie ist die Meinung verbreitet, sich der Lage anzupassen sei wichtiger, als einer langfristigen Strategie zu folgen. Während die Wissenschaft verlässliche Hinweise gebe, wie sich natürliche Ereignisse entwickeln, bestimmen oft zufällige, nicht vorhersehbare Ereignisse menschliche Gesellschaften. Deshalb ist nach der chinesischen Philosophie die menschliche Praxis eng mit der Ökonomie des Einsatzes verknüpft, der die Ereignisse unsichtbar so transformiert, dass sie mit der handelnden Person übereinstimmen. Folglich ist die Handlung vorbereiten genauso wichtig wie den glücklichen Augenblick finden, die Handlung zu einem guten Ende zu führen.

Das chinesische Leitmotiv des Nichthandelns wird Wu-Wei genannt. Es bezieht sich auf eine Person, die die Ereignisse vollständig durchblickt und über Handeln und Nichthandeln mit einem freien Geist entscheidet. Wenn das Handeln mit dem natürlichen Lauf der Dinge harmoniert, bleibt es unbeobachtet. Ohne Anstrengung verbindet es sich mit den Ereignissen und korrigiert ihren Lauf unmerklich. Wie das Wasser sich allen Umgebungen anpasst und immer nach unten strebt, so zielt diese Strategie darauf, stetig, unscheinbar, aber wirksam zu handeln.

Sie enthält nichts Heldenhaftes, sondern verweilt im Alltäglichen, in dem es einfacher ist, das zu erreichen, was man will.

Die chinesische Philosophie empfiehlt, sich nicht in Details zu verlieren, die in die Verantwortung anderer Leute fallen. Im politischen Kontext soll die Person negative Ereignisse ignorieren, obwohl sie sich ihnen nicht entziehen kann. In vielen Diktaturen unterstützt die Bevölkerung die Untaten der Regierung nicht, aber toleriert sie. Besonders hier zeigt sich, wie sich die Grenze zwischen Nichthandeln und einer amoralischen Unterlassung auflöst.

Verschiedene Disziplinen analysieren die Erscheinungsformen von Handeln. Die Geschichtswissenschaft rekonstruiert vergangene Handlungsabläufe, die Psychologie betrachtet die Motivation des Handelnden, die Soziologie untersucht die Mikro- und Makrophänomene des Handelns in der Gesellschaft. Die Anthropologie konzentriert sich auf die kulturellen Gegebenheiten des Handelns. Ich möchte anstatt dieser wissenschaftlichen Analysen ein Spiel untersuchen, um zu beleuchten wie technisches und soziales Handeln ineinandergreifen. Das Golfspiel ist dafür wegen seiner technischen Herausforderungen besonders geeignet.

1.4 Szenen eines Spiels

Ein Spiel ist gut geeignet, einzelne Aspekte des Handelns zu betrachten. Natürlich gibt es beim Spiel den Willen zu gewinnen. Erfolgreich ist, wer den Gegner übertrifft. Wer aber diesen Teil des Spiels zu hoch bewertet, ist entweder professionell engagiert oder ein Spielverderber, dem es an Leichtigkeit und heiterem Unernst des Spielens mangelt.

Vielleicht ist es von Vorteil, eine Sportart zu beschreiben, die Nichtspielern langweilig erscheint. Die dadurch hergestellte Distanz ermöglicht es, die Spielzüge einzeln zu analysieren. Ich denke als Beispiel an das Golfspiel, bei dem man einen kleinen weißen Ball von mindestens 4,27 cm und maximal 45,93 g in ein Loch von etwa 10,8 cm befördert. Auf dem Golfplatz gibt es 18 Bahnen, die jeweils mit einer Fläche für den Abschlag anfangen, dann in das Fairway münden, an dessen Ende das Grün liegt. Auf dem Grün befindet sich das Loch mit der Fahne. Das Spiel ist ein geselliges Ereignis, maximal vier Personen spielen gemeinsam von Loch zu Loch. Wie bei jeder sozialen Handlung gibt es Regeln, an die sich jeder Spieler halten muss. Darüber hinaus soll eine gewisse Etikette eingehalten werden, die z. B. vorsieht, dass ein Spieler nicht von seinen Mitspielern gestört wird, wenn er sich auf einen Schlag vorbereitet. Die soziale Handlung beginnt mit dem gegenseitigen Wunsch auf ein „schönes" Spiel. Es gibt also eine gemeinsame Absicht, die Bälle so zu schlagen, dass sie mit wenigen Schlägen ins Ziel kommen und darüber hinaus auch elegant ausschauen.

Der Spieler setzt den Golfball auf einen kleinen Stift, wodurch der Ball vom Boden abgehoben und beim Abschlag wie im Flug getroffen wird. Mit dem Abschlag beginnt die körperliche Handlung. Die Konzentration des Spielers gilt dem kleinen Schlägerblatt, das im Moment des Treffens auf das Ziel zeigen muss. Mit der Technik ist es so wie mit dem Handwerk. Wer gut spielt, wird dadurch ein guter Spieler, wer schlecht spielt ein schlechter. Daher muss man sich Mühe geben, jedem Schlag eine gewisse Sorgfalt zu verleihen.

Das richtige Maß zwischen der maximalen Beschleunigung und der gewünschten Richtung des Balls ist wichtig. Wie bei vielen Fertigkeiten ist es notwendig, auf die physikalische Mitte zu achten und eine Landung des Balls auf dem Seitenstreifen der Bahn zu vermeiden, auf dem das Gras hochgewachsen ist. Ein gut getroffener Ball landet auf dem kurz gemähten Bereich (Fairway) zwischen Abschlag und Grün. Gräben, Wege, Seen oder andere Hindernisse, die im Wege stehen, müssen überspielt werden. Gleichmut ist die psychologische Mitte, die man bewahren muss, wenn das Spiel nicht so gelingt, wie man wünscht. Je stärker man mit sich selbst ins Gericht geht oder gar zornig wird, desto leichter misslingt der nächste Schlag. Andererseits ist Gleichgültigkeit schädlich, denn ohne Motivation kann man nicht erfolgreich das Loch zu Ende spielen. Die Mitte erreicht man nur, wenn man das Verhalten jenseits von ihr ausprobiert. Also wird man negative Emotionen erlauben und ihnen mit Humor und Optimismus begegnen. Aus Handlungsfehlern lernen ist eine Strategie, die, mit Vorsicht angewandt, hilft. Es ist bekannt, dass durch eine zu große Korrektur der nächste geschlagene Ball nicht besonders gut wird.

Man sagt, dass Golfpartner länger zusammenbleiben als manche Ehepaare. Sie versetzen sich in die Gedankenwelt des anderen, wechseln die Perspektive und gewinnen dadurch spielerisch an Einsicht. Wenn Wohlwollen dazukommt, dann entsteht eine angenehme Atmosphäre, welche die technischen Herausforderungen und das persönliche Handicap ausgleicht. Mürrische Gemüter haben dagegen keine Chancen. Der Soziologe Uwe Schimank[19] sieht soziales Handeln „als ein solches Handeln, das in seinem Sinn auf andere Akteure gerichtet ist". Er meint damit eine Handlung, in der eine soziale Beziehung entsteht, „die durch stabile Erwartungen geordnete Intersubjektivität verfestigt".

Neben den psychologischen Ereignissen, die den inneren Monolog jedes Spielers ausmachen, sind die technischen Fähigkeiten wichtig, die es gilt, in die Praxis

---

[19] Uwe Schimank, Handeln und Strukturen, Weinheim 2000, S. 36.

umzusetzen. Golflehrer sprechen von einigen hundert Wiederholungen, um eine neu erworbene Schlagtechnik zu erwerben. Bei jedem Schlag muss der Spieler den richtigen Schläger auswählen, um Genauigkeit, Flug und die Weite des Balls zu kontrollieren. Der Zufall spielt eine wichtige Rolle, da sehr kleine Änderungen der mechanischen Anfangsbedingungen zu großen Änderungen der Endlage des Balls führen können. Das Ziel ist, sich mit dem Zufall zu arrangieren und zuversichtlich zu handeln. Der Erfolg erscheint dann zweitrangig. Man spricht auch von einem besonderen Sinn für die Sache, so wie man von Horse-Sense spricht, wenn jemand eine praktische Art hat, mit Pferden umzugehen. Beim Golfspiel ist ein positiver mentaler Zustand mindestens ebenso wichtig wie physisches Training. Eine solche Einstellung führt zu einem freien und klaren Handeln.

Am Ende der Beschreibung eines spezifischen Handlungsprozesses ist es nützlich, nochmal die einzelnen Ereignisse zusammenzufassen. Ausgangspunkt ist ein Raum. Im obigen Beispiel ist es der Platz, an dem der Sport ausgeübt wird. Aus militärischen Diskussionen über Strategie weiß man, dass der Raum die Auseinandersetzung bestimmen kann. Der Verteidiger auf einer Anhöhe hat im Kampf der Fußtruppen einen entscheidenden Vorteil. Gebirge, Flüsse, Wälder und Straßen sind dominierende Punkte im Raum.[20] Die physische Umgebung ereignet sich für den Handelnden und kann ihn inspirieren, unterstützen oder einschüchtern. In diesem Raum agieren die Personen der Handlung entweder direkt sichtbar wie Schauspieler auf einer Bühne oder wie die Beleuchter und Bühnenarbeiter hinter den Kulissen. Sollte ein Spieler

---

[20] Carl von Clausewitz, Vom Kriege, Drittes Buch Von der Strategie überhaupt, Stuttgart, 1980, Seite 185.

seine Rolle vergessen haben, kann die Souffleuse einspringen und ihm den Text vorsagen. Das normale Leben kennt keine externen Spielleiter, die Handelnden selbst versuchen einen für sie vernünftigen Ablauf zu konstruieren.

Wir gehen gern „spielerisch" mit der Technik um. Es gibt vieles auszuprobieren, die technischen Gegenstände führen in ein Labyrinth von Anwendungen. Die Konstruktion moderner Technologien ist intellektuell herausfordernd, deswegen treten oft die moralischen Entscheidungen in den Hintergrund, die sich durch sie auftun. Wenn eine Technologie aber einen Kipppunkt erreicht, ist die Entwicklung nicht mehr aufzuhalten. Als in der Wüste von New Mexiko die erste Atombombe explodierte, konnte ihre Anwendung nicht mehr gebremst werden. Man meint einen solchen „Oppenheimer-Moment" erlebt zu haben, als in der künstlichen Intelligenz die vierte Version von ChatGPT ins Netz gestellt wurde. Wenn aus dem Spiel Ernst wird, ist jede beteiligte Person existentiell vor eine ernste moralische Entscheidung[21] gestellt.

Was haben wir aus der Analyse des Spiels gelernt? Soziale und technische Aspekte vermischen sich beim Handeln. Die technischen Instrumente müssen der jeweiligen Aufgabe angepasst werden. Moralische Fragen dabei sind Fragen an die einzelne Person in ihrem sozialen Kontext. Ihre sorgfältige Abwägung entscheidet über den Ausgang der Handlung. Im nächsten Kapitel werde ich Aspekte des technischen Handelns genauer betrachten. Ich will dabei die einzelnen in Abschn. 1.2 definierten Handlungsabschnitte präzisieren, nämlich als Erfinden, Produzieren, Nutzen und Kontrollieren. Sie definieren den Rahmen, in dem Technomoral stattfindet.

---

[21] Gernot Böhme, Ethik im Kontext, Frankfurt am Main, 1997, S. 150 ff. und https://www.nzz.ch/feuilleton/der-oppenheimer-moment-wenn-technik-nicht-mehr-aufzuhalten-ist-ld.1766552.

2

Technisches Handeln

2.1 Erfinden

Die meiste Technikphilosophie[1] konzentriert sich auf technische Gegenstände. Meistens werden sie als wertneutral dargestellt. Eine gängige Meinung ist, der Mensch entscheide durch sein Handeln, ob die Technik gute oder schlechte Auswirkungen habe. Ohne Zweifel gibt es aber technisches Kriegsgerät,[2] das per se unmenschlich und deswegen geächtet ist, wie z. B. Antipersonenminen, Laserblendwaffen oder Streumunition. Ebenso sind die Entwicklung und Herstellung von biologischen und chemischen Waffen durch ein weltweites Abkommen verboten.

---

[1] Werner Kogge, Technologie im 21. Jahrhundert, DZPh, Berlin 2008, 6, S. 935–956 gibt einen guten Überblick über die moderne Technikphilosophie.

[2] https://www.bgbl.de/xaver/bgbl/start.xav?startbk=Bundesanzeiger_BGBl&jumpTo=bgbl292s0958.pdf#__bgbl__%2F%2F*%5B%40attr_id%3D%27bgbl292s0958.pdf%27%5D__1681376806932.

Man kann technische Gegenstände danach beurteilen, wie sie beschaffen sind, wie schädlich sie sein können und wie sie unsere Umwelt beanspruchen. Wie unterscheiden sie sich von der natürlichen Umgebung? Wer ein Kraftfahrzeug mit 450 Pferdestärken bewegt, sollte sich vorstellen, wie diese vielen Pferde das Fahrzeug ziehen. Sind diese technischen Geräte so mächtig, dass sie unser Denken lenken? Können wir sie gesellschaftlich kontrollieren?

Die Bedeutung technischer Objekte erstaunt nicht, wenn man bedenkt, dass sie sehr lange bestehen bleiben. Einmal in die Welt gesetzt, nehmen sie einen Platz ein, den sie nicht mehr räumen. Das Rad wurde wahrscheinlich schon 3500 v. Chr. erfunden, zuerst als Töpferscheibe, um Keramik herzustellen und dann als Holzscheibe, um Güter leichter zu transportieren. Der moderne Güterverkehr basiert noch heute auf dem Rad.

Es sind aber nicht die Gegenstände selbst, die ein langes Leben besitzen. Sie wandeln sich, weil die Menschen sie kontinuierlich an ihre Bedürfnisse anpassen. Man muss die Handlungsabläufe betrachten, die mit der Technik verbunden sind, um ein tieferes Verständnis zu erwerben.

Technisches Handeln ist kreativ. Das Erfinden steht am Anfang jedes technischen Handelns. Es ist ein schöpferisches Ereignis, in dem der Mensch ein Gerät, eine Maschine oder ein neues Verfahren erschafft. Die Erfindung unterscheidet sich von der Konstruktion. Der Konstrukteur setzt aus bekannten Teilen etwas Neues zusammen, z. B. baut er aus verschiedenen Stoffen ein Haus. Erfindende dagegen verwirklichen mit neuen oder alten Materialien eine Idee. Der Begriff Poiesis kennzeichnet den Macher, der etwas erschafft, was es vorher nicht gab. Nicht umsonst liegt hier eine Verwandtschaft mit dem Wort Poesie vor, denn in der Tat haben Erfindungen viel mit der Umsetzung von Ideen in Gedichte gemeinsam. Georg

2 Technisches Handeln 23

Picht[3] charakterisiert den technischen Entwurf als „das unheimlichste und tiefste von allen menschlichen Vermögen, nämlich das Vermögen, solches hervorzubringen, was zuvor nicht da war, nämlich eine künstliche Welt zu erbauen. Dieses Vermögen wurde bisher noch nicht als eine ursprüngliche Gestalt der menschlichen Vernunft begriffen, in seinen eigentümlichen Strukturen dargestellt und im Verhältnis zu den beiden anderen Gestalten der menschlichen Vernunft, nämlich der theoretischen und der praktischen Vernunft bestimmt."

Friedrich Dessauer[4] beschreibt zwei Strömungen, die in jede Erfindung münden. Einmal ist es der unablässige Strom menschlicher Bedürfnisse, der z. B. die Heilung einer Krankheit oder die Erleichterung einer lästigen Tätigkeit anstrebt. Zum anderen ist es der veränderliche Strom der Möglichkeiten, der den Menschen antreibt. Die Wissenschaft erschließt dem Erfinder immer neue Kanäle, die nur durch die Naturgesetze eingegrenzt werden. Erfinden ist mehr als das Erarbeiten oder Herstellen eines neuen Gegenstands. Ihm geht ein längeres Suchen voraus, die richtige Idee zu finden, die das Bedürfnis stillen kann. Der Erfinder oder die Erfinderin haben meistens mehrere Ideen gleichzeitig. Sie müssen sie ausprobieren und die Ideen verfolgen, die am besten geeignet sind. Lassen Sie mich an zwei Beispielen zeigen, wie Erfindungen entsprechende Bedürfnisse befriedigen. Die beiden Erfinder Karl von Drais (1785–1851) und Johann von Neumann (1903–1957) sind total verschiedene Persönlichkeiten. Ihre Erfindungen gehören ganz verschiedenen

---

[3] Georg Picht, Das richtige Maß finden. Der Weg des Menschen ins 21. Jahrhundert, Hrsg. von C. F. von Weizsäcker und C. Eisenbart, Freiburg, 2001, S. 26–36.
[4] Friedrich Dessauer, Der Streit um die Technik, Freiburg, 1959, S. 78 ff.

Lebensbereichen an, trotzdem haben sie eine ähnliche Entstehungsgeschichte.

Am Anfang des 19. Jahrhunderts stiegen die Unterhaltskosten von Pferden. Um mobil zu bleiben, erfand Karl von Drais eine Laufmaschine, die durch Abstoßen der Beine vom Untergrund die nötige Geschwindigkeit erreichte, sodass er damit zügig vorankam. In der Mitte des 20. Jahrhunderts mussten Frauen im Manhattan-Projekt komplizierte Differentialgleichungen per Hand mithilfe von mechanischen Rechenmaschinen lösen. Johann von Neumann sah, wie man mit Lochkarten und elektrischen Rechnern das Rechnen effizienter machen konnte. Zurück in Princeton entwickelte er die Architektur des Computers, die aus einer Prozesseinheit und einem Bus bestand. Der zentrale Prozessor enthielt ein boolesches Rechenwerk und ein Steuerwerk, der Bus transportierte Daten und Befehle zwischen Prozessor, Ausgabe und Speicher. Diese Architektur diente lange Zeit als Modell für alle Computer.

Mit von Neumann beginnt das digitale Zeitalter, in dem Informationen zahlenmäßig dargestellt und elektronisch verarbeitet werden. Der Fluss von Informationen wird dadurch beschleunigt und Nachrichten, die eine Handlung auslösen, können schnell ausgetauscht werden. Die Nachrichten „XY ist deutscher Staatsbürger und über 18 Jahre alt" signalisieren, XY ist wahlberechtigt. Nachdem die Antworten auf beide Fragen in Zahlen kodiert sind, berechnet ein Algorithmus das obige Ergebnis. Moderne Graphikkarten in Rechnern können $30 \cdot 10^{12}$ Multiplikationen und Additionen pro Sekunde ausführen.

Genauso wie Drais verschiedene Aspekte des Reitpferds, nämlich den Sattel und die Zügel übernahm, so benutzte auch Neumann das menschliche Rechnen in dem Labor als Anregung, die Prozesse der Rechenmaschine zu gliedern. Die Assistentinnen mussten die Lochkarten erneut in den Rechner einführen, wenn sie gewisse Prozeduren

2 Technisches Handeln 25

wiederholt anwenden wollten. Neumann programmierte dieselben Schleifen im Computer, indem er den Zähler in der Steuereinheit um eine Einheit erhöhte und dann den Befehl erneut ausführte.

Man kann technisches Handeln mithilfe der Mikroereignisse analysieren, die ich in Abschn. 1.2 beschrieben habe. Der Erfinder X hat ein Bedürfnis A (Schritt 1). Er sucht nach einem Mittel B, das A ermöglicht (Schritt 2). Im Lauf seiner Arbeit ist er überzeugt, dass das von ihm entwickelte Mittel B zum Ziel A führt (Schritt 3). Hier endet die Handlungskette „Erfindung".

Dessauer hat eine mehr idealistische Sichtweise. Er spricht von möglichen Welten, in denen die Ideen eine im Vorhinein festgesetzte Gestalt besitzen.[5] „Der Kosmos enthält außer den fertig gestalteten Dingen einen unabsehbar großen Vorrat in ihrer Beschaffenheit bestimmter, aber (noch) nichtexistierender Objekte, die mit menschlichen Bedürfnissen korrespondieren. Wir nennen sie prästabilisierte Objekte." Die Philosophie erlaubt mögliche Welten,[6] soweit sie die Bedingung erfüllen, logisch konsistent zu sein, aber sie lässt auch Welten zu, in denen andere Naturgesetze als in unserer Welt gelten. In *technisch* möglichen Welten jedoch gelten die gleichen Naturgesetze wie in unserer Welt; der Erfinder kombiniert sie neu in bisher ungeahnten Prozessen. Insofern ist seine Tätigkeit wirkliches Handeln, und der Begriff des Herstellens taugt nicht dafür.

Wie assoziieren sich die Bilder der Wünsche und des Begehrens mit dem Inhalt einer möglichen Welt, in der diese realisiert werden? Die Brücke kann nur in der

---

[5] Ibidem, S. 79.
[6] Hans J. Pirner, Virtuelle und mögliche Welten in Physik und Philosophie, Heidelberg, 2018.

aktualen Welt liegen, deren Abläufe unsere Lebensform bestimmen. Sie ist verantwortlich für unsere Träume als auch für deren Verwirklichung. Unsere Bedürfnisse und Wünsche sind deswegen begrenzt. Die erfinderische Person bleibt ein Kind ihrer Zeit, die ihre Mentalität und ihre Schöpfungen formt. War die Erfindung der Computerarchitektur ein Bedürfnis von Neumanns? Die Kommentare Neumanns zur Nachkriegspolitik und seine Rolle im Manhattan- Projekt lassen ahnen, dass er den Rechner als Werkzeug im kalten Krieg schärfen wollte. Er unterstützte die Politik der „Mutual Assured Destruction", die auf der Abschreckung beruht. Ein eventueller nuklearer Erstschlag eines Angreifers würde bei dem Verteidiger mit nuklearem Potenzial einen Zweitschlag auslösen, der zur vollständigen Zerstörung beider führen würde.

In Zeiten der Big Science and Technology sind meistens mehrere Menschen an einer gemeinsamen Erfindung beteiligt. Ein großes Team koordiniert in täglichen Absprachen informell Erfahrungen und Absichten seiner Mitglieder, die dadurch ihre individuellen Vorstellungen bündeln. Sie bestätigen sich gegenseitig und bilden eine gemeinsame Lebensform, die unterschiedliche ethnische, religiöse und nationale Biografien in den Hintergrund treten lässt. Dies ist ein wichtiger vereinender Aspekt von Technologien in 21. Jahrhundert.

Erfindungen haben sich in unserer Zeit global ausgebreitet, sodass an Stelle des Individuums große Gruppen von Produzenten und Nutzern technische Prozesse bestimmen. Ich werde in den nächsten Kapiteln diese zwei weiteren Stufen technischen Handelns beschreiben, die auf die Erfindung folgen: Die Produktion und die Nutzung.

2.2 Produzieren und Verbessern

Ein wichtiger Teil technischen Handelns besteht darin, aus einer Erfindung ein herstellbares Produkt zu machen, das man dann Schritt für Schritt verbessern kann. Das Draissche Zweirad, das 1817 erfunden wurde, bekam eine Tretkurbel am Vorderrad, sodass der Fahrer nicht mehr mit den Beinen auf der Erde entlang schlurfen musste. Die so konzipierten Hochräder waren ziemlich unsicher, bis man das vordere Antriebsrad verkleinerte und der Antrieb auf das Hinterrad überging. Gegen Ende des 19. Jahrhunderts rüstete man Fahrräder mit Luftreifen aus und schloss damit die Entwicklung des Fahrrads ab. Erst am Ende des zwanzigsten Jahrhunderts baute man das erste elektrisch unterstützte Zweirad. Zurzeit werden etwa 130 Mio. Fahrräder im Jahr produziert, davon in einigen Ländern bis zu einem Drittel E-Bikes.

Während der zweiten Phase technischen Handelns sind die Wünsche des Erfinders nicht mehr ausschlaggebend. Der Unternehmer übernimmt die Produktion des technischen Massenprodukts. Die Produktentwicklung muss zwischen dem Suchen nach neuen Horizonten und dem Eingehen von Kompromissen abwägen. Rationalisierung und Innovation sind die zugehörigen Schlüsselwörter der modernen Ökonomie, die ohne fortwährende Erneuerung nicht mehr auskommt. Wegen des Wettbewerbs zwischen fast identischen Erzeugnissen muss der Hersteller das Produkt für den zugehörigen Markt optimieren, um einen hohen Gewinn zu erzielen. Er wird das Erzeugnis während der Entwicklung testen und falls nötig überarbeiten. Ein Medikament muss gut verträglich und ohne Nebeneffekte sein. Um auf den Markt zu kommen, gibt es ausführliche Regelungen im Arzneimittelgesetz.

Im Idealfall wird der Verbraucher das beste und preiswerteste Erzeugnis auswählen. Der Konsument bestimmt am Ende die Verbesserung des Prototyps, indem er beurteilt, wie einfach, effizient und zuverlässig das Produkt ist. Produktion und Konsum entsprechen in der Handlungsanalyse von Abschn. 1.2 den Unterereignissen (4–6). Beim technischen Handeln sind allerdings jeweils andere Personen an den einzelnen Aktionen beteiligt. Der Konsument will das Ziel A erreichen, das der Erfinder im Auge hatte. Er benutzt dazu das Produkt B, das der Produzent ihm anbietet. Für den Produzenten ist das Mittel B der Handlung wichtiger als der Zweck A. Wegen des Überangebots versuchen geschickte Verkäufer, die Aufmerksamkeit auf die technischen Gegenstände B selbst zu lenken, deren Besitz das Ansehen des Verbrauchers vergrößern soll. Der Konsument jedoch muss den Zweck A im Auge behalten und sich nicht durch die Werbung täuschen lassen. Der Stolz auf den Besitz des neuen Objekts verfliegt schnell, der Gebrauchswert des technischen Gegenstands zeigt sich erst in der längeren Anwendung.

Was aber können Kriterien sein, nach denen technische Produkte oder Abläufe erneuert werden? Um etwas herzustellen, braucht es Material, Energie und ein Verfahren, beide optimal einzusetzen. Seltene Materialien sind teuer und kostbar. Beispiele dafür sind Cobalt und Lithium, die in den meisten Batterien verwendet werden. Deshalb wird es wichtig, wertvolle Werkstoffe technischer Geräte mehrmals zu verwenden. Die Möglichkeit, Computer und Handtelefone zu reparieren und an neue Software anzupassen, kann den Produktzyklus verlängern und dadurch Rohstoffe sparen. Digitalisierung und geregelte Klimatisierung sind ökologische Verbesserungen in den Produktionsanlagen, die den Energiekonsum reduzieren. Es ist sinnvoll, die Produktion so zu verändern, dass die Modernisierung Kosten einspart und sich positiv auf die

Beschäftigten auswirkt. Ökologische und soziale Innovationen können die Arbeit und die Gesundheit der Angestellten verbessern. Sie sollten jedwede technologische Innovation begleiten, um die Lebensqualität der Menschen und ihrer Mitwelt zu erhöhen. Zeigen sich gesundheitliche oder ökologische Gefahren technischer Produkte, so muss man versuchen, sie abzuschwächen. Erfolgreiche Kampagnen in den 1980er- und 1990er-Jahren haben zur Reinheit der Flüsse und der Luft beigetragen. Durch die Vermeidung von CO_2 allein werden wir wahrscheinlich nicht das Ziel erreichen, bis 2045 klimaneutral zu sein. Die jetzige Klimadiskussion muss sich deshalb neben den erneuerbaren Energien auch technischen Verbesserungen wie der CO_2-Sequestrierung zuwenden. Dies ist ein Verfahren zur Abscheidung und Speicherung von Kohlendioxid. Dafür werden verschiedene Methoden[7] untersucht: Bei der Rauchgaswäsche wird CO_2 nach der Erzeugung mittels Ab- oder Adsorption, Membranen oder Destillationsverfahren aus dem Rauchgasstrom entfernt. Ist die Abscheidung dem Verbrennungsprozess vorgeschaltet, wird aus Kohle oder Erdgas durch Kohlevergasung bzw. Dampfreformierung ein wasserstoffreiches Synthesegas erzeugt, aus dem das CO_2 vor dem eigentlichen Verbrennungsprozess entfernt wird. Beide Verfahren sind noch im Versuchsstadium.

Technisches Know-how kann helfen, die grundlegende Frage zu beantworten, welche Politik am effektivsten den Klimawandel bekämpft. Eine umfassende Studie[8] hat herausgefunden, dass eine Mischung von Herangehensweisen

---

[7] https://www.wbgu.de/fileadmin/user_upload/wbgu/publikationen/hauptgutachten/hg2003/pdf/wbgu_jg2003_ex07.pdf.
[8] Annika Stechemesser et al. Climate policies that achieved major emission reductions: Global evidence from two decades, ScienceVol. 385, No. 6711 https://www.science.org/doi/10.1126/science.adl6547.

am besten die CO_2-Emissionen einschränkt. Ein minimaler CO_2-Preis für Energieerzeuger, das Einstellen von Kohlekraftwerken und strengere Gesetze, welche die Luftverschmutzung einschränken, waren erfolgreiche Strategien. Während die Modellierung der Klimakatastrophe viele Studien hervorgebracht hat, ist die Suche nach der Effizienz der Gegenmittel erst im Anfangsstadium.

Technische Produkte werden mit der Zeit komplizierter und erreichen hohe Komplexität, sodass neue, ganz anders ausgerichtete Produkte sie verdrängen. Drahtlose Telefone und Videotelefone haben die alten Fernsprecher ersetzt, bis sich dann „smarte" Telefone mit dem Internet verbanden. Mit der Evolution der technischen Gegenstände geht eine Transformation ihrer Umgebung einher. Jedermann ist immer und überall zu erreichen. Telekommunikation breitet sich über Netze aus, wie man sie von Mobiltelefonen, Computern und dem Internet kennt. Das große Vorbild für elektronische Netze ist das menschliche Gehirn, das von neuronalen Netzwerken für die künstliche Intelligenz (KI) nachgeahmt wird. Die KI kann technologische Prozesse z. B. in der Qualitätskontrolle vereinfachen. Ein großer Teil technischen Handelns besteht nämlich darin, Fehler zu suchen und zu beheben.

Wenn Gewinnsucht zu Produkten führt, die nicht halten, was sie versprechen, werden kostspielige Nachbesserungen angemahnt, die hohe Extrakosten verursachen. Im Jahr 2015 wurde entdeckt, dass bei vielen Dieselfahrzeugen die Abgaswerte manipuliert wurden. Dies hat zu einem erheblichen Wertverlust bei Fahrzeugen mit Dieselmotoren geführt. Daraufhin haben viele Besitzer für ihr Fahrzeug eine Entschädigung gefordert. Die Opioidkrise in den USA hat Zehntausende von Opfern gefordert und fordert weiter zahlreiche Opfer. Sie ist durch eine Zunahme der Verschreibung von Opioidschmerzmitteln und durch die leichte Verfügbarkeit von Opioidmedikamenten auf dem Markt entstanden.

2.3 Nutzen und Kontrolle

Je attraktiver eine Technologie ist, desto mehr begehren sie viele Konsumenten. Dadurch entsteht ein Engpass, der einen Teil des Vorteils der Innovation zunichtemacht. Es ist überlegenswert, ob man bei gewissen Technologien die Benutzung begrenzt. Staus im Verkehr sind Auswirkungen überhöhter Nachfrage. Man kann z. B. Automobile, die von fossilen Brennstoffen betrieben werden, aus dem Innern der Großstädte verbannen. Ein anderes Beispiel für negatives Nutzerverhalten ist die Verwendung von Handys in der Schule, welche die Schüler abhalten, dem Unterricht zu folgen.

Erfinder, Projektentwickler, Innovationsmanager und Unternehmer stehen Kunden gegenüber, die unterschiedliche und wandelnde Interessen haben. Im 21. Jahrhundert haben mehrere Wellen der Digitalisierung die Konsumenten überrollt. Das Internet, der E-Commerce, die sozialen Medien und das App-System haben das Handeln stark verändert. Die heutigen Nutzer sind an das Global-Positioning-System (GPS) und zielführende Navigation im Verkehr gewöhnt. Niemand konsultiert eine Landkarte, wenn ein automatischer Dienstleister den „optimalen" Reiseweg auf einem elektronischen Schirm einträgt. Der so abhängig gewordene Autofahrer wird zwar verzweifeln, wenn auf dem vorgeschlagenen Weg Baustellen einen Teil der vorgeschlagenen Strecke unpassierbar machen. Da dies aber selten vorkommt, ist er im Allgemeinen geduldig. Nachdem die öffentlich-rechtlichen Sender ihr Programm reduziert haben, ist der Kunde auf Streamingdienste umgestiegen, mit denen er sein Radio- und Fernsehprogramm selbst organisiert. Ebenso nutzt er elektronische Nachrichtenmedien anstatt von Zeitungen. Er bekommt die letzten Neuigkeiten aus vielen Ländern, selbst wenn er in der tiefsten Provinz wohnt. Die Applikationen großer Unternehmen verleiten Nutzer zum sofortigen Konsum.

Eine wachsende Mehrheit der Bevölkerung fordert mehr ökologisches Handeln. Während noch in den 1990er-Jahren ethisch ausgerichtete Konsumenten als Gutmenschen lächerlich gemacht wurden, bilden sie jetzt eine angesehene Gemeinde. Ihr Konsum richtet sich auf nachhaltigen Verbrauch „grüner" Produkte. Bei technischen Produkten sind dies Güter, die bei der Produktion und dem Gebrauch wenig Energie und Rohstoffe benötigen und das biologische Gleichgewicht nicht gefährden. Die ökologische Bewegung fordert Nachhaltigkeit, d. h., den Konsum so zu befriedigen, dass die Möglichkeiten zukünftiger Generationen nicht eingeschränkt werden. Bis zum Jahr 2100 werden bis zu 10 Mrd. Menschen leben, vorwiegend in Ländern mit derzeit niedrigem Einkommen. Es werden hauptsächlich die dort geborenen Kinder sein, deren Wohlergehen die jetzt in den reichen Ländern lebenden Menschen bestimmen. Eine UN-Studie berichtet[9]: „Viele werden in Küstenstädten leben. Diese Orte sind weltweit mit am stärksten durch den Klimawandel gefährdet. Die Maßnahmen, die *heute* unternommen werden, um die Entwicklung der Menschen in diesen Ländern zu unterstützen, nutzen auch den kommenden Generationen. Investitionen in soziale und grundlegende Dienstleistungen, die Reform der internationalen Finanzarchitektur zum Abbau der Ungleichheiten in und zwischen Ländern und die Schaffung von Chancen für

---

[9] https://www.un.org/Depts/german/gs/OurCommonAgenda-FutureGenerations.pdf.

menschenwürdige Arbeit werden eine nachhaltige Entwicklung zum Nutzen der heutigen und der kommenden Generationen gewährleisten."

Die Entfremdung des 21. Jahrhunderts bezieht sich nicht mehr auf den Produktionsprozess, mit dem sich die Mehrheit der meist gut bezahlten Lohnarbeiter abgefunden hat. Sie betrifft den Konsum, der sich von den Bedürfnissen getrennt und selbständig gemacht hat. Es scheint, als ob die Megamaschine Industrie an den ökologischen Bedürfnissen einer großen Anzahl von Konsumenten vorbei produziert. Da Nutzer technologischer Produkte deren Gestaltung nur beschränkt beeinflussen können, ist es für sie am besten, eine unbrauchbare „Erfindung" zu ignorieren. Selbstbeschränkung ist eine Möglichkeit, Tugend beim Verbrauch von elektrischer und fossiler Energie einzuüben. Die komplexe Bereitstellung von Energie macht ihre Nutzung für den Konsumenten ziemlich undurchschaubar. Die Preisgestaltung z. B. für Gas ist so kompliziert, dass der durchschnittliche Verbraucher sie nicht verstehen kann. Die fundamentalistische Opposition[10] weitet deshalb ihre Kritik an diesen technischen Missständen auf die ganze Gesellschaft aus: „Es geht nicht mehr weiter mit den zu großen Städten, der chemischen Landwirtschaft, mit Betonschule und Großkrankenhaus, Bürokratie und Militär rund um den Erdball."

Die Kontrolle von Bereichen mit Hochtechnologie ist weit weg von den Erfahrungen der meisten Nutzer. Wenige Personen an einem Leitstand vor einer Wand mit Großbildschirmen kontrollieren ganze technische Großbetriebe. Bei einem Kernkraftwerk ist der Leitstand vom eigentlichen Reaktor getrennt, um das Bedienpersonal vor Strahlung zu schützen. In anderen Betrieben wäre eine

---

[10] Rudolf Bahro, Logik der Rettung, Stuttgart-Wien, 1987, S. 13.

direktere Kontrolle der Produktion empfehlenswert, denn die Tätigkeit des technischen Personals ist verantwortungsvoll. Sie wird sogar kritisch, wenn sich Vorfälle ereignen, die ein Handeln außerhalb der Routine fordern. Die Reaktorkatastrophe von Tschernobyl z. B. war auf menschliches Versagen zurückzuführen. Simulationen in Echtzeit und künstliche Intelligenz können hier helfen. Allerdings haben Studien gezeigt, dass es fast unmöglich ist, die künstliche Intelligenz selbst wieder zu überwachen.

Das in diesem Abschnitt besprochene „Nutzen und Kontrollieren" ist eine besondere Variation der letzten beiden Handlungsschritte von Abschn. 1.2. Nutzen beschreibt, wie man das technische Instrument anwendet (Schritt 5) und Kontrolle definiert das zielgerichtete Handeln (Schritt 6). Technische Kontrolle braucht immer ein angemessenes Instrument als Vermittler zwischen dem Nutzer und der Anwendung. Ein feiner Schnitt will ein scharfes Skalpell oder vielleicht sogar einen Laser. Man braucht eine gut rollende Karre, um einen schweren Gegenstand zu transportieren. Was aber wenn das Instrument nur eine symbolische Funktion hat? Fast alle smarten Erfindungen bieten eine spielerische Kontrolle: das Wischen einer Hand öffnet eine Tür, ein leises Wort schließt sie wieder. Müssen Nutzer sich zunehmend einer Technik aussetzen, die sie – wenn überhaupt – nur mit Symbolen kontrollieren, die auf Bildschirmen erscheinen und wieder verschwinden? Obwohl sich hinter diesen Applikationen wohlüberlegte Zeilen von Programmen und Algorithmen verbergen, versteht der Laie sie oft nicht. Dieser Notstand wird auch dadurch nicht verbessert, dass man Befehle sprachlich erteilen kann.

Zwischen jeder Aktion und der erwarteten Reaktion liegen mehrere technische Schichten: ein Bildschirm, Chips, Prozessoren und Programme, welche die Maschine mittels künstlicher Intelligenz vielleicht sogar selbst gelernt hat.

Jedes Zwischenstück verringert die Transparenz und Berechenbarkeit des erwünschten Ergebnisses. So verstehen wir die von uns geschaffene Welt immer weniger. Eine gründliche Basiserziehung in den mathematisch-naturwissenschaftlichen Fächern kann helfen, diese Vorgänge besser zu verstehen. Spezielle Strategien sind allerdings notwendig, um korrigierend einzuwirken. Man muss Schritt für Schritt die Verarbeitung der Anweisung rekonstruieren und ausprobieren, was kleine Änderungen vermögen. Am Ende kann oft nur das Internet Auskunft geben, da Gebrauchsanweisungen für technische Geräte nicht mehr für erforderlich gehalten werden. Der schnelle Wechsel der Technologien verlangt stetiges Neulernen. Personen und Arbeitsgruppen, die mit diesen Entwicklungen Schritt halten, haben einen großen Vorteil.

Das digitale Zeitalter produziert riesige Datenmengen, deren Buchhaltung, Management und sichere Aufbewahrung große Herausforderungen darstellen. Ohne besondere visuelle Aufbereitung der Daten befindet sich der Suchende in einem undurchdringbaren Dschungel, in dem er keine sinnvolle Information findet. Gesundheitsdaten z. B. sind private Informationen, zu denen nur der behandelnde Arzt und Patient Zugang haben sollten. In Deutschland erlaubt die elektronische Patientenakte ab 2025 den Austausch und die Nutzung von Gesundheitsdaten. Sie wird im ersten Schritt die Wahl der Medikamente digital unterstützen. Es besteht jedoch die Möglichkeit, der Nutzung zu widersprechen.

Zu den Paradoxa der Technik gehört, dass technische Gegenstände und Prozesse eine Tendenz haben, den Nutzer zu kontrollieren. Das ist offensichtlich z. B. bei Internetdiensten, die aufgrund der Suchbefehle ein Profil des Suchenden anlegen. Solche von außen kontrollierten Abläufe verändern unsere Lebenswirklichkeit. Wir verbringen viel Zeit am Tag mit dem Lesen des Mobiltelefons in einer virtuellen Welt. Auf den Gehwegen bewegen sich unsere Mitbürger wie ferngesteuerte Avatare, deren Blick starr auf den Bildschirm des Telefons gerichtet ist, in das sie hineinreden. In ihren Ohren stecken Stöpsel, die sie von uns abschotten. Das Automobil erlaubt lange isolierte Anfahrten zum Arbeitsplatz, die energieintensiv sind. Der Computer beeinflusst den Stil des Schreibens; Chatbots sind bestenfalls an sich wiederholenden Satzkonstruktionen zu erkennen. Dokumentieren diese Ereignisse, dass wir „Sklaven" der Technik geworden sind? Ich bezweifle es, da man mit gesundem Eigenwillen viele Gewohnheiten aufgeben kann, die uns abhängig gemacht haben.

Allerdings muss man sich die Handlungsfreiheit dafür nehmen. Ohne Freiheit sind Moral und Ethik nur Sprachspiele. Es gibt eine lange Diskussion darüber, ob der Wille des Menschen frei sei. Die Neurowissenschaften verstehen mehr und mehr die chemisch-biologischen Grundlagen unseres Gehirns. Da scheint nicht viel Raum für einen Willen zu bleiben, der frei und nicht determiniert ist. Aber das Wollen ist nicht identisch mit dem Handeln.[11] Solange Handlungsalternativen angeboten werden, gibt es die Möglichkeit einer Entscheidung. Wenn wir uns selbst über diese Alternativen klar sind, können wir verantwortlich handeln. Um die Handlungsfreiheit zu verstehen, muss man die Kette von kausal determinierten äußeren Ereignissen vom Eingriff des menschlichen Akteurs in diese Kette unterscheiden. Natürlich sind unser Charakter und unsere früheren Erfahrungen wichtig für die Handlung, aber wir selbst sind die Person, die diese subjektiven Voraussetzungen im Laufe des Lebens gestaltet hat.

---

[11] *Siehe dazu*: Herbert Schnädelbach, Was Philosophen wissen und was man von ihnen lernen kann, München 2012, S. 189.

2 Technisches Handeln

Ideologien haben eine Tendenz, uns die Zukunft vorzuschreiben. Die marxistische Erzählung der Einheit von Wirklichkeit und Norm schränkt unsere Freiheit ein, weil die Geschichte schon entschieden hat, wie es weitergeht. Genauso begrenzend ist die These von Wissenschaftlern, die sagen, wenn sie etwas nicht erforschten, wird es von anderen Forschern entdeckt werden. Damit versucht man z. B., militärische Forschung zu rechtfertigen. Die Verantwortlichkeit für eigenes Handeln wird auf ein unabwendbares Geschehen übertragen, dem man nicht entgehen kann. Wir werden im Kap. 3 das Handeln und im Kap. 6 die Verantwortung des Wissenschaftlers diskutieren.

3

Wissenschaftliches Handeln

3.1 Handeln, um zu erkennen

Vor dem Handeln muss man annehmen, dass es eine Handlungsmöglichkeit gibt. Wer daran zweifelt, kann nicht handeln. Es braucht eine Vorstellung, dass es sinnvoll ist, das Jeweilige zu tun. Wenn man vor sich eine verschlossene Tür und sieben verschiedene Schlüssel hat, muss man glauben, dass einer davon in das Schloss passt, um aktiv zu werden. Man wird dann ausprobieren, welcher Schlüssel die Tür öffnet; sie bloß anzusehen, hilft nicht. Wissenschaftlich handeln ist dem Ausprobieren sehr ähnlich. Hinschauen allein reicht nicht. Bei Abbildungen z. B., ist man nicht fähig Größen richtig einzuschätzen. In dem Bild unten ist es für den Betrachter schwirig zu entscheiden, ob die zwei Tischflächen gleich groß sind. Er meint, dass die Oberfläche des linken Tisches größer sei als die Oberfläche des rechten Tisches, weil er die Darstellung dreidimensional interpretiert und seine Wahrnehmung

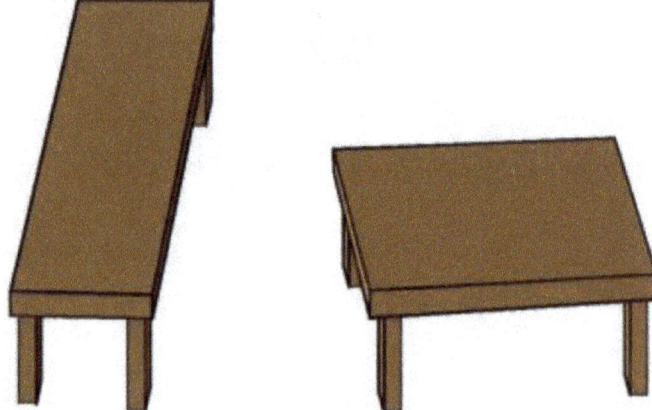

Abb. 3.1 Der Vergleich zweier Tischplatten. Die Maße der Tische sind beide 2 cm x 4 cm. (Quelle: nach https://michaelbach.de/ot/sze-ShepardTables/index.html)

dieser Vorstellung anpasst. Er muss handeln, um sicher zu sein. Wenn er zum Maßstab greift, wird er feststellen, dass sie in der Tat gleich groß sind (Abb. 3.1).

Wer einmal im Labor gestanden hat und an einem Experiment beteiligt war, wird der These beipflichten, dass neue Erkenntnisse aus praktischer Tätigkeit hervorgehen. In mehreren Schritten tastet der Experimentator sich an die Ausführung des Experiments heran. Zunächst baut er die gewünschte Apparatur auf. Dann optimiert er die wichtigen technischen Einzelheiten. Wenn die Apparatur die ersten Ereignisse registriert, beginnt er verschiedene Messungen zu planen und die entscheidenden Parameter herauszuschälen, von denen die Ergebnisse abhängen. Er erhält so wichtige „Grund-Begriffe", mit denen sich eine erste Hypothese formulieren lässt. Der Experimentator muss diese erste Hypothese aber hinterfragen und nach einer Möglichkeit suchen, sie durch eine Veränderung des

Experiments zu überprüfen. Gezieltes Handeln des Experimentators produziert eine Reaktion der Apparatur, die Aufschluss über die Gültigkeit der Hypothese geben kann. Ist er erfolgreich, hat er eine neue Erkenntnis gewonnen. Wie ich oben im Kapitel zum technischen Handeln angeführt habe, sind der Rahmen unseres Handelns und damit die Erkenntnisfähigkeit begrenzt. In verschiedenen Disziplinen der Physik und Astronomie sind die Spielräume des Handelns so eng geworden, dass sie die Möglichkeiten einschränken, neue Erkenntnisse zu gewinnen. Wir sind schon so weit mit der Erforschung unseres Kosmos auf sehr kleinen und großen Skalen vorgestoßen, dass wir uns der Grenzen unserer technischen Möglichkeiten immer bewusster werden.

Charakteristisch für eine Handlung ist nicht die einmalige Überlegung, auf die eine einmalige Entscheidung folgt; ihr eigentlicher Inhalt ist das Hin und Her zwischen Theorie und Praxis, d. h. ihre Interaktion. Die Theorie führt zu einem Versuch, der eine Reaktion der Natur oder Umwelt provoziert. Im Rahmen der gestellten Frage „antwortet" dann die „Versuchsanordnung", die stellvertretend für die Natur oder Umwelt steht. Kritiker behaupten, dass sich durch die empirische Methode nicht die volle Fülle von möglichen Ereignissen eröffnet. Aber jedes Experiment bringt einen Erkenntnisgewinn. Es ist in der Wissenschaft üblich, keinen endgültigen und allumfassenden Wahrheitsanspruch zu stellen, sondern immer darauf hinzuweisen, dass man einen Wissensstand erreicht hat, der zwar wohl begründet aber sehr wohl revidierbar ist. Dabei wird allgemein angenommen, dass der Wissenschaftler die alten Erkenntnisse nicht ersetzen, sondern nur ihren Anwendungsbereich begrenzen muss. Neue Handlungen gehen über die bekannten Anwendungen hinaus und erweitern damit die alten Gesetze.

Am Ende des 19. Jahrhunderts hat sich in Amerika die philosophische Schule des Pragmatismus gebildet, der die Rolle der praktischen Erfahrung und des Handelns betont. Charles Sanders Peirce (1839–1914), William James (1842–1910) und John Dewey (1859–1952) sind die Hauptvertreter dieser Richtung, die behauptet, Ideen und Theorien seien wertvoll, wenn sie gute Werkzeuge sind, praktische Probleme zu lösen. Sie meinen, es gäbe keine alleinige Wahrheit, unser Wissen hänge von den Umständen ab, unter denen wir es gewonnen haben. Die von ihnen entwickelte pragmatische Ethik ist pluralistisch und naturalistisch. Die Diskussion um den Pragmatismus hat sich hauptsächlich an seinem Anspruch entzündet, dass nur solche Aussagen wahr sind, die sich durch Handlungen als nützlich erweisen. Wenn man bei Peirce, einem der Väter des Pragmatismus, nachliest, so hat er diesen Anspruch jedoch sehr viel vorsichtiger formuliert:[1] „Um den Sinn eines Gedankens zu entwickeln, muss man einfach die Folgen bestimmen, die der Gedanke hervorruft; denn der Sinn einer Sache bestimmt sich aus den praktischen Folgen, die er impliziert."

An dieser Maxime des Pragmatismus mutet verschiedenes fremdartig an. Erstmal geht es Peirce um den Sinn eines Gedankens. Man merkt, dass er von einer Idee

---

[1] Charles Sanders Peirce, Revue Philosophique 7, 1879, S. 47. Meine Übersetzung der französischen Originalfassung. Das gesamte Zitat lautet: „Um den Sinn eines Gedankens zu entwickeln, muss man einfach die Folgen bestimmen, die der Gedanke hervorruft; denn der Sinn einer Sache bestimmt sich aus den praktischen Folgen, die er impliziert. Der Charakter einer Gewohnheit (= eingeübten Praxis) hängt von der Art und Weise ab, in der sie uns zu handeln veranlasst. Dies bezieht sich nicht nur auf einen wahrscheinlichen Umstand, sondern auf jeden möglichen Umstand, wie unwahrscheinlich er auch sein mag. Eine Praxis hängt von zwei Dingen ab: Wann und wie sie zur Handlung führt. Was den ersten Punkt betrifft, gilt: Jeder Anreiz zu einer Handlung beruht auf einer Vorstellung. Was das ‚wie' angeht, das Ziel jeder Handlung ist es, ein vernünftiges Ergebnis zu erreichen."

ausgeht, die er mit dem Handeln verbinden will. In seinen Harvard Lectures 25 Jahre später wiederholt er, dass der Handelnde von einer Vorstellung ausgeht, in die auch Gefühle und Ansichten eingehen. Dazu entwickelt er eine Aufstellung der Phänomene der Umwelt, in die sich das Handeln hineindrängt und eine Reaktion hervorruft. Die externen Tatsachen führen durch das Handeln zu einem Lernprozess und Erkenntnisgewinn.

William James Hauptwerk war „Die Prinzipien der Psychologie". Er widmete sich aber auch religiösen und philosophischen Problemen. Seine Einstellung ist ein radikaler Empirismus.[2] „Empirismus sage ich, weil sich diese Haltung damit bescheidet, ihre gesichertsten Schlüsse über Tatsachen als Hypothesen zu betrachten, die im Laufe künftiger Erfahrungen Veränderungen unterworfen sind." Denken allein unterliegt vielen kognitiven Verzerrungen. John Manoogian hat Hunderte solcher Vorurteile gesammelt.[3] Wer eine Situation oder Lage beurteilt, entscheidet von einer gewissen Position aus – in der Zeit und im Ort. Um mögliche Einschränkungen der Urteilsfähigkeit zu vermindern, muss man seine Perspektive verändern. Eine bekannte Methode ist es, jemand anderen zu fragen, wie er die Lage einschätzt, um die subjektive Einschätzung besser bewerten zu können. Im Allgemeinen wird ein solches Gespräch zusätzliche Informationen liefern. Oft überfordern aber schon die vorhandenen Kenntnisse. Vor jeder weiteren Handlung müssen diese deshalb sortiert und geordnet werden. Bevor dieser Prozess abgeschlossen ist, ist jegliches Handeln verfrüht. Jeder Schritt in der Ereigniskette ist ein Fortschritt in die Zukunft, wie der Philosoph Richard

---

[2] William James, Essays über Glaube und Ethik, Gütersloh, 1948, Vorwort.
[3] https://commons.wikimedia.org/wiki/File:Cognitive_Bias_Codex_180%2B_biases,_designed_by_John_Manoogian_III_(jm3).jpg.

Rorty[4] behauptet: „Sofern der Pragmatismus überhaupt etwas Spezifisches hat, dann dies, dass er die Begriffe der Realität, der Vernunft und des Wesens durch den Begriff der besseren menschlichen Zukunft ersetzt." Rortys Ansicht ist weit gegriffen, weil er Wissenszuwachs mit einer besseren Zukunft identifiziert. Wer pragmatisch handelt, will das erfolgreiche Konzept technisch-wissenschaftlicher Tätigkeit auf das Handeln übertragen. Rorty würde dies nicht leugnen, für ihn ist alles Wissen relativ und gemäß den sozialen Umständen konstruiert.

Die Methode des Versuchs kann sicher sehr gut auf wissenschaftliche Experimente angewandt werden. Wie ist es aber beim sozialen Handeln? Bei einem Fehlschlag können die Ereignisse nicht rückgängig oder ungeschehen gemacht werden. Selbst wenn die Teilnehmer bei einem solchen Experiment freiwillig mitmachen, muss ihre Unverletztheit garantiert werden. Außerdem dürfen solche Studien nur mit wenigen Personen durchgeführt werden, um größeren Schaden abzuwenden. Auch sollten lokale Gruppen am Handlungsverlauf demokratisch mitbeteiligt sein. Man muss sich bewusst sein, dass es bei gesellschaftlichem Handeln um das Hervorbringen von einzelnen Ereignissen geht, die im Gegensatz zu naturwissenschaftlichen Ergebnissen nur schwer reproduzierbar sind. Meistens wird soziales Handeln aus permanenten Steuern und Gegensteuern bestehen, das die Betroffenen leicht orientierungslos macht. Der fortlaufende Handlungsprozess reiht sich zu einer endlosen Kette von einzelnen Aktionen, deren Folgen unüberschaubar werden. Die Kette selbst breitet sich nicht nur in der Zeit, sondern auch im Raum aus. Mithilfe moderner Kommunikationsmittel werden

---

[4] Richard Rorty, Hoffnung statt Erkenntnis. Eine Einführung in die pragmatische Philosophie, Wien 2018, S. 15.

lokale Prozesse global. Telegram und X (vormals Twitter) z. B. sind soziale Netzwerke im Internet, die 1 Mrd. bzw. 400 Mio. monatliche Nutzer haben. Man ist erstaunt, wie schnell sich durch Medien die Nachrichten vervielfachen. Anstatt gesicherter Erkenntnisse ergeben sich im Internet Daten, Berichte und Statistiken, die eventuell nur eine Bürokratie von Experten auswerten kann. Das soziale Experiment überwacht die Beteiligten. Vieles Handeln der Politiker ist ein Experiment dieser Art.

Das westliche Modell demokratischer Gesellschaften enthält verschiedene Elemente des Pragmatismus. Obwohl divergente Ziele und unterschiedliche Mittel zu Konflikten führen, können diese auf der Basis breiter gesellschaftlicher Kompromisse vernünftig geregelt werden. Im Prinzip erlauben demokratische Institutionen dem Bürger, dass er seine Vorstellungen einbringen kann. John Dewey[5] hat in dem Buch „Liberalism and Social Action" betont: „Die einzige Form von beständiger sozialer Ordnung, die jetzt möglich ist, ist eine Ordnung, in der die neuen Produktivkräfte gemeinschaftlich kontrolliert werden und im Interesse der Freiheit und kulturellen Entwicklung der Individuen genutzt werden, die die Gesellschaft bilden." Es werden immer wieder Versuche gemacht, den sozial Handelnden zu überwachen. Neue technische Möglichkeiten erlauben Facebook (Meta), Amazon, Apple, Netflix und Google (Alphabet), das Verhalten der Nutzer zu analysieren und in subtiler Weise zu lenken. Die Freiheit des sozial Handelnden verkehrt sich so ins Gegenteil. Elektronische Daten beeinflussen den individuellen Wunsch, gut zu leben. „Framing, Nudging" und andere Methoden überlagern das eigene Begehren.

---

[5] John Dewey, The Later Years, Vol 2, 1935–1937, Ed. By Jo Ann Boydsten, Liberalism and Social Action, p. 39.

China hat ein Sozialpunktesystem eingeführt: Man startet mit 1000 Punkten auf dem Konto. Wer ein Gesetz missachtet, z. B. bei Rot eine Ampel überschreitet, bekommt Punkte abgezogen. Der Kontostand soll den einzelnen zum Teil einer harmonischen Gesellschaft machen. Der Begriff der harmonischen Gesellschaft geht auf die Philosophie von Konfuzius zurück, die Wohlverhalten im gesellschaftlichen Umgang predigt. Anpassung aber führt dazu, dass der Angepasste seine Orientierung und sein Selbstwertgefühl verliert. Opposition bleibt erfolglos. In China ist die lange Periode vorbei, in der die großen Unternehmen und deren Investoren extreme wirtschaftliche Freiheiten hatten. Westliche Medien bezeichneten diese Politik als pragmatisch. Die nachfolgende politische Wende überrascht nicht, da die kommunistische Partei die marxistische Ideologie nie aufgab.

Im Juli 2024 hat die Europäische Union einen Gesetzestext[6] verabschiedet, der Sozialkreditsysteme wie in China verbietet. Solche Systeme werden als unannehmbares Risiko betrachtet. Im Absatz 31 heißt es: „KI-Systeme, die eine soziale Bewertung natürlicher Personen durch öffentliche oder private Akteure bereitstellen, können zu diskriminierenden Ergebnissen und zur Ausgrenzung bestimmter Gruppen führen. Sie können die Menschenwürde und das Recht auf Nichtdiskriminierung sowie die Werte der Gleichheit und Gerechtigkeit verletzen." In der gleichen Risikokategorie befinden sich Systeme, die direkt das Verhalten von Personen in Institutionen beeinflussen, indem sie ihr Alter oder ihre Behinderung ausnützen. Au-

---

[6] https://eur-lex.europa.eu/legal-content/DE/TXT/?uri=CELEX%3A320 24R1689.

3 Wissenschaftliches Handeln 47

ßerdem gehören biometrische Methoden der Gesichtserkennung im öffentlichen Raum dazu.

Handeln hilft unser Wissen zu erweitern. Umgekehrt ist Wissen wichtig, denn es leitet den Menschen an, zu handeln. Kant plädiert für eine praktische Vernunft, die quasi zu unserer Grundausstattung gehört und uns ermöglicht, gut zu handeln. Durch sie können wir die Irrwege von Lust und Unlust umgehen. Im Gegensatz zum Pragmatismus ist seine Anschauung antinaturalistisch, indem er eine freie Person annimmt, die das Grundgesetz der Ethik[7] erkennen kann: „Handle so, dass die Maxime deines Willens zugleich als Prinzip einer allgemeinen Gesetzgebung gelten könne." Wenn der Handelnde nicht nur sachliche Tatsachen berücksichtigt, sondern das menschliche Leben in seiner Gesamtheit ins Auge fasst, dann besitzt er Klugheit, eine der fünf Verstandestugenden des Aristoteles[8]: „Ein kluger Mann scheint sich also darin zu zeigen, dass er wohl zu überlegen weiß, was ihm gut und nützlich ist, nicht in einer einzelnen Hinsicht, z. B. in Bezug auf die Gesundheit und Kraft, sondern in Bezug auf das, was das menschliche Leben gut und glücklich macht." Zur Klugheit gehört, dass man andere Menschen miteinbezieht. Was denkt der andere? Wie würde er an meiner Stelle handeln? Wie berührt ihn meine Handlung? Wer klug handeln will, muss mit seinen Mitmenschen kommunizieren. Allein wird er nur vernünftig handeln. Auch das Streben nach wissenschaftlicher Erkenntnis im sozialen Geflecht der Gesellschaft muss sich an diesen Ansprüchen messen lassen.

---

[7] Immanuel Kant, Moralische Schriften, Leipzig 1920, S. 141.
[8] Aristoteles Nikomachische Ethik, 1125b.

3.2 ALICE nicht im Wunderland

In dem populären Roman „Alice im Wunderland", veröffentlicht vor über hundert Jahren von dem Mathematiker Lewis Carrol, wird die Reise eines jungen Mädchens in eine Fantasiewelt beschrieben, die von menschenähnlichen Kreaturen bevölkert ist. Die Titelheldin Alice findet ein sprechendes weißes Kaninchen, eine Cheshire-(Grinse-)Katze, den Märzhasen und einen Hutmacher, die Herzkönigin und den Herzkönig und viele andere. Die Geschichte enthält viel Unsinn und gerade deswegen wird sie von Mathematikern und Kindern geliebt. Das Experiment ALICE, um das es in diesem Kapitel geht, teilt mit der Alice des Buchs die Neugierde, Wissen zu gewinnen.

Die Abkürzung ALICE steht für A Large Ion Collider Experiment, d. h. für ein großes Experiment am Beschleuniger im europäischen Labor CERN.[9] Ein Collider ist ein spezieller Beschleuniger von geladenen Elementarteilchen wie Protonen oder Atomkernen (hier als Ionen bezeichnet), in dem die Teilchen frontal mit fast Lichtgeschwindigkeit aufeinander geschossen werden. Die resultierenden Produkte der Kollision werden dann in einem Teilchendetektor nachgewiesen. ALICE ist einer von vier Detektoren an dem großen Hadronen-Collider LHC (= Large Hadron Collider). Die Geschichte des LHC beginnt im Jahr 1976, als die damaligen Direktoren beschließen, einen Elektron-Positron-Beschleuniger zu bauen, der später zu einem Proton-Proton-Collider erweitert werden kann. Der zu diesem Zweck gebaute Tunnel von 27 km Länge ist der gleiche Tunnel, in dem jetzt die Teilchen für das ALICE Experiment beschleunigt werden. Der Konstruktion des

---

[9] https://home.cern/science/experiments/alice; CERN ist die Abkürzung für Conseil Européen pour la Recherche Nucléaire.

LHC gingen ein Proton-Proton- (1965–1982) und ein Proton-Antiproton-Collider (1975–1992) voraus, der 1983 mit der Nobelpreis-Entdeckung der W- und Z-Bosonen belohnt wurde. Im Dezember 1996 beschloss das CERN-Council die Konstruktion des LHC und bestimmte danach vier Detektoren, welche die experimentellen Daten aufnehmen sollten; einer dieser Detektoren war ALICE. Er sollte die Reaktionsprodukte von Kollisionen messen, in denen Bleikerne mit relativistischen Energien aufeinanderstoßen. Nach Chris Lewellyn Smith[10] gab es vier Gründe, dieses Großexperiment LHC zu bauen:

(1) Wissenschaftliches Handeln richtet sich nach dem Neuen und Unbekannten. Durch den LHC-Beschleuniger kann man die Theorie der Elementarteilchen in einem höheren Energiebereich erforschen und neue Teilchen, insbesondere das Higgs-Teilchen, entdecken.
(2) Wissenschaftliches Handeln ist im Wettbewerb mit anderen Initiativen. Der Entdeckungshorizont des LHC ist einzigartig.
(3) Wissenschaftliches Handeln muss eindeutig dargestellt werden. Die globale Forschergemeinde unterstützt das LHC-Projekt.
(4) Wissenschaftliches Handeln muss sich bewährt haben. Das CERN-Labor besitzt die notwendige Expertise im Bau und Betrieb einer so aufwendigen Anlage wie den LHC-Beschleuniger.

Ich habe explizit die Eigenschaften wissenschaftlichen Handelns aufgeführt, welche die Konstruktion des LHC

---

[10] Llewellyn Smith C. 2015 Genesis of the Large Hadron Collider. Phil.Trans. R. Soc. *A* **373**: 20140037.
http://dx.doi.org/10.1098/rsta.2014.0037.

motivierten. Ähnliche Gründe werden immer wieder im Zusammenhang mit Großprojekten diskutiert, sei es das Fusionsprojekt ITER oder das neue James-Webb-Weltraumteleskop. Das Besondere am Experiment ALICE ist, dass die Kerne mit einer sehr hohen Energie von 2.76 TeV[11] pro Nukleon aufeinandertreffen und dadurch sehr viele Teilchen produziert werden. Für die schweren Kerne mit 208 Nukleonen addiert sich die Einschussenergie zu einer gesamten Energie von 1150 TeV oder von 0,2 Millijoule. Das ist die Energie, die eine AA-Batterie während einer 10.000stel Sekunde aufbringt. Dabei hat die Batterie ein Volumen von 2 cm × 2 cm × 3 cm. Die Bleikerne sind aber viel kleiner, d. h. die Energiedichte ist sehr viel größer und in einem flachen Zylinder mit einem Radius von $7 \cdot 10^{-13}$ cm und einer Dicke von $10 \cdot 10^{-13}$ cm lokalisiert, der schnell expandiert. Das produzierte sehr heiße Gas gleicht der extremen, heißen Materie des Universums, das sich eine Mikrosekunde oder 0,000001 s nach dem Big Bang gebildet hat und aus Quarks und Gluonen besteht. Wenn dieses Plasma sich abkühlt, vereinigen sich die Quarks und Gluonen zu Hadronen, d. h. Mesonen und Nukleonen. Bei dem Zusammenstoß von zwei Kernen mit je 82 Protonen und 126 Neutronen werden bis zu 6000 Hadronenteilchen erzeugt, die alle gemessen werden müssen.

Der dazu gebaute Detektor ALICE wiegt mehr als 10.000 t, ist 26 m lang, 16 m breit und 16 m hoch, das entspricht ungefähr der Höhe eines fünfstöckigen Gebäudes. Er befindet sich in St. Genis-Pouilly bei Genf, 56 m unter der Erde in der Nähe der französisch-schweizerischen Grenze. 2000 Wissenschaftler von 174 Instituten

---

[11] 1 TeV entspricht einer Billion, d. h. 1.000.000.000.000 Elektronenvolt, wobei ein Elektronenvolt die Energie ist, die ein Teilchen mit der Ladung 1 e (Elementarladung) erhält, wenn es die Spannung von 1 V durchläuft.

aus 40 Ländern begannen in den frühen 1990er-Jahren ein Experiment zu entwickeln, das 15 Jahre später mit einer viele hundert Mal größeren Energie als alle bisher bekannten Experimente stattfinden sollte. Der geplante Detektor sollte also besonders flexibel sein, um die vielen Teilchen zu messen, die bei diesen hohen Energien produziert werden.

Die Forschenden wollten damit den Urzustand des Universums bei hohen Temperaturen studieren. In der Natur sind die negativ geladenen Elektronen und die positiven Atomkerne in elektrisch neutralen Atomen gebunden. Bei hohen Temperaturen oder einer großen elektrischen Feldstärke kann man die neutralen Atome ionisieren, d. h. ein Plasma herstellen, in dem Elektronen und Kerne getrennt voneinander existieren. Dies geschieht in jeder Neonröhre. Die starke Kernkraft unterscheidet sich aber von der schwächeren elektromagnetischen Wechselwirkung. Die Nukleonen im Atomkern enthalten Quarks und Gluonen als untrennbare Bestandteile. Die Frage stellte sich: Kann sich bei millionenfach höheren Temperaturen als im elektrischen Plasma, d. h. im ultraheißen Urknall ein (Quark-Gluon)-Plasma bilden, in dem die Quarks frei existieren?

Hannah Arendt hat in ihrem Buch[12] über das aktive Leben Arbeiten, Herstellen und Handeln als die drei Grundtätigkeiten des Menschen diskutiert. Beim Herstellen greift der Mensch in den Haushalt der Natur ein, indem er ihr Material entreißt und in eine neue Form bringt, auf das obige Beispiel angewandt, also Atomkerne in ein Quark-Gluon-Plasma verwandelt. Im weitesten Sinne gleicht der Physiker dem Homo Faber, indem er mit technischen Mitteln neue Teilchen produziert und

---

[12] Hannah Arendt, Vita Activa oder vom tätigen Leben, München 1981.

sie in ideelle Formen, d. h. Theorien, organisiert. „Es (das Erkennen) hat mit dem Herstellen gemein, dass es ein Prozess ist mit Anfang und Ende, dessen Nutzen kontrollierbar ist und der, wenn er nicht zu dem gewünschten Resultat führt, eben seinen Zweck verfehlt hat, wie das Tischlern seinen Zweck verfehlt, wenn es einen zweibeinigen Tisch hervorbringt."[13] Bei der Wissenschaft ist der Nutzen nicht sofort festzustellen, was sie von der industriellen Produktion unterscheidet. Arendt grenzt das Herstellen vom, nach ihrer Meinung, eigentlichen Handeln ab, das eine Aktion darstellt, die in Gemeinschaft mit anderen Menschen stattfindet. Das Gewebe der menschlichen Beziehungen und ihr sozialer Ausgleich ist für sie zentral, um von Handeln zu sprechen.

Die heutige Arbeit des Wissenschaftlers umfasst aber Handeln in genau diesem Sinne. Um eine Zusammenarbeit von zweitausend Mitarbeitenden zu organisieren, braucht es eine soziale Struktur, die auf der einen Seite effizient ist und auf der anderen Seite den einzelnen Gruppen die Freiheit lässt, individuell ihre Arbeit zu leisten. Die Startphase ist immer ein sogenannter „Letter of Intent", indem die Kollaboration ihre Absichten und die technische Apparatur entwirft, mit denen sie dieses Projekt realisieren wollen. Ungefähr zwanzig Jahre (1993–2010) wurden zum Aufbau des Detektors verwendet, wobei während der Konstruktion noch neue Teile hinzukamen. Zwei typische Teilprojekte sind das Inner-Tracking-System (= Nachverfolgung), um die Punkte zu identifizieren, an denen schwere Quarks zerfallen, und die Time-Projection-Kammer, um die Spuren von tausenden geladener Teilchen elektronisch zu verfolgen. Sie muss die

---

[13] Ibidem S. 159.

3 Wissenschaftliches Handeln 53

Impulse der Teilchen und die Masse des Teilchens korrekt identifizieren. Die schnelle Folge von Kollisionen in Abständen von $100 \cdot 10^{-9}$ s stellt hohe Anforderungen an die elektronische Auslese der Daten. Insgesamt gibt es ungefähr 10 Arbeitsgruppen, die für die einzelnen Teile des Detektors verantwortlich sind. Diese Gruppen enthalten selbst wieder Untergruppen, die auf verschiedene Institute verteilt ihre Informationen über das Internet austauschen. Eine wichtige Rolle spielen die persönlichen Kontakte auf speziellen Arbeitstreffen und auf Konferenzen. Physikerinnen und Physiker an jedem Teilprojekt schreiben ihre eigenen Publikationen, die dann ein Komitee der Kollaboration kontrolliert. Zu den formellen Vereinbarungen gehören wohldefinierte Ergebnisse, die eine Gruppe zu einem Zeitpunkt vorlegen muss, um im Plan der Kollaboration zu bleiben. Alle Teilnehmer eines Teilprojekts müssen die Pläne mit Sorgfalt einhalten. Sie tragen die Verantwortung für den Erfolg des Experiments. Die Organisation einer wissenschaftlichen Kollaboration unterscheidet sich jedoch in einer wichtigen Eigenschaft von einem Unternehmen der gleichen Größenordnung. In der Wissenschaft gibt es praktisch keine weisungsbefugten Chefs. Nach ausführlichen Diskussionen handeln die Mitarbeiter in der Überzeugung, das Richtige zu tun. Viele Arten der Zusammenarbeit sind möglich: Die vertiefende Kooperation zwischen zwei oder mehreren gleichgestellten Forschern an verschiedenen Universitäten, die sich auf ein Untergebiet spezialisiert haben. Oder die Beteiligung von Studenten an einem Projekt, das erfahrene Mitglieder der Fakultät betreuen. Tim Barners Lee hat am CERN die Grundlagen zum World Wide Web entwickelt. Er hatte es erfunden, um das Expertenwissen zu bewahren, das junge Doktoranden erworben haben. Seine neue Technik, Informationen in Kollaborationen effizient zu speichern, war das Vorbild für das weltweite Internet. Der Physiker Frank Wilczek[14] nennt dieses Handeln nach William James[15] eine Tugend, die sich im Umgang mit harten Problemen der Forschung entwickelt. Ausdauer, Kreativität und Ehrlichkeit in der Spitzenforschung setzen einen Gegenpol zur stupiden Disziplin militärischer Ordnung. Das gemeinsame soziale Handeln in einer großen Gemeinschaft von Forschenden trägt zu Frieden und Prosperität bei, wie die betreffenden europäischen Einrichtungen gezeigt haben.

Ziel der Wissenschaft ist gesicherte Erkenntnis. Es ist leicht, einige spektakuläre Ergebnisse des Experiments aufzuzählen: Falls man die transversalen Impulse der produzierten Hadronen mit der Temperatur eines Feuerballs analysiert, dann hat ALICE ein Plasma mit einer Temperatur von 5,5 Billionen °C[16] (500 MeV) gemessen, die höchste je gemessene Temperatur. Das heiße Plasma verhält sich wie eine stark korrelierte perfekte Flüssigkeit und geht ohne drastische Änderung in ein Gas von bekannten Hadronen über. Diese Ergebnisse sind durch die Analyse von vielen einzelnen Daten zu Stande gekommen, die wiederum durch die Verbesserung des Detektors von einer Messperiode zur nächsten Periode sich herauskristallisierten. Die Zusammensetzung des Teams hat sich in den 30 Jahren verjüngt und dadurch neue Initiativen gewonnen. Ein großes Experiment teilt einen Aspekt des Handelns, dass bei ihm kein wirkliches Ende abzusehen ist. Im Gegensatz zum Herstellen eines Gegenstands ist der Gang eines Experiments immer offen für Überraschungen. Wahrscheinlich wird erst die Zukunft ganz die wegweisen-

---

[14] https://www.sciencenews.org/article/national-greatness-versus-real-national-greatness-frank-wilczek.

[15] William James. „The Moral Equivalent of War". Lecture 11 in *Memories and Studies*. New York: Longman Green and Co (1911): S. 267–296.

[16] 5.500.000.000.000 °C.

den Aspekte des Alice Experiments für die Wissenschaft erkennen lassen.

3.3 Die Hochenergiephysik in der Energiekrise

Wissenschaftliches Handeln ist soziales Handeln. Es findet in Gruppen statt, die ihre Interessen in klar definierten Projekten verwirklichen. Dieses Handeln ist aber nicht unabhängig von größeren externen Prozessen. In diesem Kapitel möchte ich zeigen, wie die Hochenergiephysik auf die weltweite Klimakrise reagiert. Dies ist ein gutes Beispiel für die Konfrontation von Technologie mit Moral.

Die Invasion der Ukraine im Februar 2022 führte zu einer tiefgreifenden Energiekrise. Daraufhin hat die Geschäftsführung vom CERN im September des gleichen Jahres beschlossen, den Energieverbrauch des Beschleunigers in diesem und im folgenden Jahr zu senken. Im Jahr 2022 wurde deshalb zwei Wochen früher ein technischer Shut-Down eingeleitet und im Jahr 2023 der Verbrauch um zwanzig Prozent reduziert. Der im Abschn. 3.2 beschriebene 25 Kilometer lange Large Hadron Collider verbraucht 1.3 Terawattstunden[17] im Jahr, das ist ungefähr halb so viel wie die Stadt Genf. Der weltweite Energieverbrauch im Jahre 2019 betrug ungefähr 160,000 Terawattstunden, davon stammen 80 % von fossilen Brennstoffen. Andere Hochenergieeinrichtungen wie der European

---

[17] Der Energieverbrauch pro Zeit wird in Watt gemessen: 1 Terawatt (TW) = 1.000.000.000.000 W, wobei ein Watt notwendig ist, um ein Gramm Wasser in einer Minute um 14,3 Grad zu erwärmen. Zum Vergleich: die BASF hat 2021 38,5 Terawattstunden verbraucht, die AdBlue SKW Stickstoffwerke haben einen Jahresverbrauch von 14 Terawattstunden, ChatGPT-3 wird geschätzt 0.2 Terawattstunden im Jahr zu verbrauchen.

X-ray Free-Electron Laser und das PETRA III Synchrotron sind ebenso dabei, ihren Verbrauch zu überdenken.

Durch die Entdeckung und technische Anwendung der Elektrizität im 18./19. Jahrhundert haben sich die Forschungsmöglichkeiten stetig entwickelt. Die Voltasche Batterie produzierte elektrische Ströme, die man nur mit neuen Messinstrumenten beobachten konnte. James Maxwell legte durch die Vereinigung von elektrischen und magnetischen Phänomenen den Grundstein für den Bau von Elektromotoren und der Erzeugung elektromagnetischer Wellen. Mit Funkenentladungen in Gasen konnte man die Lichtemission von leichten Atomen untersuchen, auf der die Quantenphysik aufbaute. Immer raffiniertere Versuchsanordnungen erlaubten, immer tiefer in die Geheimnisse der Materie im Atomkern einzudringen.

Mit Lichtmikroskopen können Zellen untersucht werden, man braucht aber harte Röntgenstrahlen, um die Doppelhelix der DNA zu analysieren. Nach der Quantenmechanik verkleinert sich die Wellenlänge der Materiewellen mit anwachsender Energie. Um kleine Objekte zu untersuchen, braucht man Wellenlängen von der Größenordnung der studierten Objekte. Deshalb haben die Physiker Beschleuniger mit immer höheren Energien gebaut.

Einige Hochenergie- und Astrophysiker haben sich jetzt zusammengetan, um zu überlegen, welche Handlungen angesagt sind, der ökologischen Krise zu begegnen. Das Manifest[18] „Streben nach ökologischer Nachhaltigkeit in der Hochenergie-, Astroteilchenphysik und Kosmologie" gibt eine Momentaufnahme von der Problematik, in der sich die Wissenschaftler dieses Gebiets befinden. Die Autoren möchten die negativen Auswirkungen ihrer

---

[18] http://cds.cern.ch/record/2826404?ln=de.

Forschung begrenzen, indem sie positive Handlungsalternativen vorschlagen. Die anvisierten Ziele entsprechen den von Martha Nussbaum[19] vorgeschlagenen Entwicklungszielen, die von den vereinten Nationen adoptiert wurden. Der Bericht berücksichtigt besonders die Ausgaben, die beim Betrieb und der Arbeit der Hochenergielabors entstehen. Diese betreffen neben dem Betrieb der Beschleuniger auch den Energieverbrauch bei der Datenverarbeitung und Datenspeicherung. Die größere Intensität der Teilchenstrahlen in der neuen Phase des LHC verlangen bis zu fünfzigmal so große Computerkapazitäten, um die umfangreichen Resultate der Experimente zu dokumentieren. Dadurch wird der Speicherbedarf bis zu Exabytes (10^{18} Bytes) ansteigen. Abschätzungen der jemals von Menschen gesprochenen Wörter gehen auf 5 Exabytes. Theoretische Gitter-QCD-Rechnungen zu den Experimenten sind so aufwendig, dass sie jetzt schon 10 % der Supercomputer in den USA beschäftigen. Auch in der Astrophysik sind die Rechnerkosten sehr hoch. Die vom CERN genutzte Elektrizität trägt jedoch nicht zur CO_2-Bilanz bei, da sie von französischen Kernreaktoren geliefert wird. Der Hauptteil der klimarelevanten Emissionen kommt von den Experimenten, die zur Kühlung fluorierte Gase benutzen. Aber auch die Sicherheit und die ökonomische Bilanz der Kernenergie stehen zur Diskussion.

Das Hauptziel der Forscher in der Hochenergiephysik ist ein Verständnis der fundamentalen physikalischen Gesetze, welche die Materie bestimmen. Ich habe das ausführlich am Beispiel von ALICE im Abschn. 3.2 diskutiert. Man muss hinzufügen, dass in der Chemie oder Biologie auf größeren Längenskalen ganz andere Fragen

---

[19] Martha Nussbaum, Human Rights and Human Capabilities, https://wtf.tw/ref/nussbaum.pdf.

die mikroskopischen Strukturen dominieren. Die Chemie von Molekülen ist mehr oder minder unabhängig von den Details der Atomkerne. Die Beschleunigertechnologie hat trotzdem zu zahlreichen Anwendungen in der medizinischen Therapie und Diagnose geführt. Beschleuniger von Elektronen, Protonen und schweren Ionen werden zur Behandlung von Tumoren eingesetzt. Empfindlichere Sensoren bei der Computertomographie (CT) reduzieren die schädliche Strahlung. (MRT) Magnetresonanztomographie ermöglicht ohne Röntgenstrahlung, Organe und Gelenke zu untersuchen. Die im Wasserstoff enthaltenen Protonen werden im Magnetfeld ausgerichtet und dann durch Radiowellen angeregt. Die dabei entstehenden Signale hängen von der Zusammensetzung des Gewebes ab. Massenspektroskopie mit beschleunigten Teilchen kann sehr genau die chemische Zusammensetzung und die Isotope von kleinen Proben analysieren, was bedeutende Erkenntnisse in der Geologie, Archäologie und Kunst geliefert hat.

In den letzten Jahrzehnten ist eine neue Linie in der Teilchenphysik zu erkennen. Sie studiert extrem schwache Wechselwirkungen, die z. B. von Teilchen aus dem All verursacht werden. Pro Sekunde und Quadratzentimeter treffen 10^{10} Neutrinos von der Sonne auf die Erde. Nur ein einziges aus dieser Menge löst eine Wechselwirkung aus. Trotz dieses Problems haben die Physiker das Rätsel der Neutrinos entschlüsselt, indem sie das Licht gemessen haben, das durch die Reaktionen der Neutrinos mit Elektronen oder Nukleonen entsteht. Als Detektor dient ein Tank tief unter der Erde, in dem sich 3000 t hochreines Wasser und 1000 Photomultiplier befinden, um das Reaktionslicht zu messen. Man vermutet, dass die unbekannte dunkle Materie, die einen großen Anteil der Energiedichte des Universums ausmachen soll, von schweren Teilchen herrührt, die nur sehr schwach wechselwirken. In einem Detektor mit flüssigem Xenon will man die Ionisation und die Szintillation der Rückstoßkerne messen, welche die unbekannten Teilchen dunkler Materie in Kollisionen mit bekannter Materie produzieren. Der Detektor könnte diese Ereignisse von der gewöhnlichen kosmischen Strahlung unterscheiden. Bis jetzt gibt es keine Anzeichen von dunkler Materie. Eine Sorte von sehr leichten Teilchen, Axionen, könnte auch zur dunklen Materie beitragen. Sie würden auch erklären, warum in der starken Wechselwirkung die Spiegelsymmetrie nicht verletzt ist. Zu ihrem Nachweis hat man ein Experiment aufgebaut, das die Wechselwirkung eines Axions mit einem externen Magnetfeld mittels der entstehenden Photonen im Mikrowellenbereich misst. Bis jetzt gibt es keine Signale.

Alle diese Experimente sind Teil einer neuen Entwicklung der Elementarteilchenphysik, extrem schwache Ereignisse nachzuweisen, indem man den Kosmos als Quelle benutzt. Zusammen mit neuen theoretischen Kenntnissen in der Kosmologie hat sich eine sanfte Teilchenphysik entwickelt, die große Potenziale hat. Die Zwänge der Energiekrise haben diese Entscheidungen beschleunigt. Die Forscher sind sehr fokussiert auf einmal gesteckte Ziele, ergreifen aber jede neue Gelegenheit, ihre Erfahrungen zu erweitern. Das Vorgehen der Wissenschaftler ist pragmatisch im weitesten Sinn. Sie erweitern ihre Bemühungen in den Richtungen des Wissens, wo die meisten neuen Ergebnisse zu erzielen sind. Umso besser, wenn sie dabei die Umwelt nicht vergessen.

4

Anleitungen zum Handeln

4.1 Die Moral des richtigen Handelns

Richtig und falsch sind Begriffe, die eine Aussage beurteilen. „Paris ist die Hauptstadt Frankreichs", dieser Satz ist richtig, weil er zutrifft. Ein System von Sätzen ist richtig, d. h. eine Theorie ist richtig, wenn der Inhalt der Theorie, d. h. ihre Sätze mit der Wirklichkeit übereinstimmen. Richtig handeln hat aber eine weitergehende Bedeutung, es heißt moralisch richtig handeln. Moralisch richtig handeln bezeichnet ein Vorgehen, das im Einklang mit einem System öffentlich anerkannter Regeln ist. Die Moral ist ein Teil des größeren Gebiets der Ethik und bezieht sich auf Vorschriften, die von einer Gruppe als vernünftig anerkannt werden. Bei einem Spiel bekennen sich die Teilnehmer zu den Regeln dieses Spiels und beurteilen ihr Verhalten und das Spiel ihrer Mitspieler nach diesen Regeln. Im öffentlichen Leben ist der Staat die größte Einheit von Menschen mit gleichen moralischen Annahmen.

Im Gegensatz zu Gesetzen sind moralische Regeln meistens informell und selten schriftlich fixiert. Sie sind allgemein und enthalten Gebote, wie Menschen in Gefahr Hilfe zu leisten, sozial Benachteiligte zu unterstützen oder allgemein für Gerechtigkeit einzustehen. Individuen haben jeweils eigene Vorstellungen von Moral, die allgemeine Form aber ist allen Beteiligten der Gruppe gemeinsam. Charakteristisch für die Moral sind Wertkonflikte, die sich aus der Kollision verschiedener Werte zu demselben Problem ergeben. Was z. B. die Achtung des Lebens betrifft, haben verschiedene Menschen unterschiedliche Meinungen zum Recht auf Abtreibung. Bei der Abtreibung kollidiert das moralische Gesetz auf menschliches Leben mit der Freiheit der Frau, über sich und ihr ungeborenes Kind zu entscheiden.

Andere Konflikte treten auf, wenn das Verfügungsrecht über privates Eigentum und das Bedürfnis öffentlicher Nutzung kollidieren. Der Eigentümer eines Grundstücks sieht seine individuelle Freiheit bedroht, wenn die Kommune das Land als Teil eines öffentlichen Windparks verwenden will. Solche Konflikte können meist durch Verhandlungen gelöst werden. Schwieriger sind Differenzen zwischen Bürgern, deren Vorstellungen für ein gerechtes und gutes Leben sich unterscheiden. Oft sind die grundlegenden Absichten von gegensätzlichen Bevölkerungsgruppen nicht verschieden. So wollen sowohl konservative als auch liberale Bürger den Schwächeren helfen, sie bevorzugen aber andere Mittel. Konservative scheuen sich nicht, den Staat einzusetzen, während Liberale die individuellen Chancen erhöhen wollen. Bei der ungewollten Schwangerschaft ist für Konservative das ungeborene Kind der schwächste Teil, während für den liberalen Entscheider die selbständige Frau im Mittelpunkt steht. Wie findet man einen Kompromiss, der zu einer moderaten Lösung führt? Welches ist die beste Methode, eine Einigung zu erzielen?

4 Anleitungen zum Handeln

Soll die Moral durch die Vernunft oder das Gefühl geleitet werden?

Die geschriebenen Gesetze in einem liberalen Staat müssen die Ansichten der gesamten Bevölkerung wiedergeben, indem sie den größten gemeinsamen Nenner der einzelnen Meinungen spiegeln. Einen solchen Konsens zu finden, ist nicht leicht. Der Diskurs über die richtige Moral wird deswegen oft zu einer Diskussion über die richtige Methode, diesen Konsens zu erreichen. Offensichtlich muss man miteinander reden, um zu einer Übereinstimmung zu kommen. Gute Kommunikation basiert auf wenigen Regeln: Jeder muss wahrheitsgemäß zum Diskurs beitragen und für das Gesagte geradestehen. Alle haben die gleichen Rechte, an der Diskussion teilzunehmen. Jeder kann das Wort ergreifen, wenn er es wünscht. Wird er dazu aufgefordert, ist er verpflichtet die besten Argumente für seine Meinung vorzubringen. Als Zuhörer soll er dem Sprecher einräumen, dass er das Richtige meint. So können sich Gesprächspartner mit unterschiedlichen Ansichten verstehen und zu einem gemeinsamen Beschluss kommen.

Wenn die Theorie sich zu stark auf die sprachliche Kommunikation konzentriert, verliert sie das menschliche Handeln aus dem Blick. Moralisches Handeln heißt nämlich auch, materielle Güter zur Verfügung zu stellen, um das Leben ärmerer Personen oder Gruppen zu verbessern. Die Herausforderungen an moralisches Handeln hängen von der Zeit ab, sie sind historisch nicht immer gleich, weil sich die Ansprüche an den Handelnden ändern. In der heutigen Zeit sind zur alten Diskussion neue Aspekte hinzugekommen:

Die modernen technischen Verkehrsmittel haben die Mobilität erhöht. Viele Menschen wohnen nicht mehr während ihres ganzen Lebens im selben Gemeinwesen. Sie wandern zwischen verschiedenen Staaten, entweder um sich auszubilden und ihre wirtschaftliche Lage zu verbessern oder weil sie verfolgt werden. In der Bundesrepublik haben ungefähr 26 % der Bevölkerung einen sogenannten Migrationshintergrund. Das Zusammenleben mit Menschen aus einem anderen Kulturkreis stellt vor besondere Herausforderungen. Ein bekanntes Problem tritt auf, wenn der neu Hinzugekommene reklamiert, so handeln zu können, wie er es gewohnt ist. Ein Mann mit einer streng patriarchalischen Kultur hält seine Frau ab, einen Beruf zu ergreifen. Er argumentiert, ihre Herkunft würde die Beschränkung ihrer Freiheit ausreichend begründen. Natürlich ist diese Rationalisierung unzutreffend, da in der Bundesrepublik nach dem Gesetz gilt: „Die Ehegatten regeln die Haushaltsführung in gegenseitigem Einvernehmen. [...] Beide Ehegatten sind berechtigt, erwerbstätig zu sein." In so einem Fall kann der Mann von den Verhältnissen an seinem Arbeitsplatz lernen, wie sich eine gleichberechtigte Rollenverteilung von Mann und Frau gestaltet. Frauen sind allerdings im Erwerbsleben noch immer benachteiligt. Sie verdienen weniger als 28 % des Einkommens weltweit (in der Bundesrepublik 45 %).

Es gibt durch die Migration eine zunehmend globale Gemeinschaft von Menschen, die kosmopolitisch denken und handeln. Sie wollen globale Werte wie interkulturelle Verständigung und Gerechtigkeit auch politisch verankert sehen. Vittorio Hösle[1] definiert Politik als „Handlungen, die im Kontext von Machtkämpfen auf die Bestimmung und/oder Durchsetzung von Staatszwecken ausgerichtet sind". Auch Gruppen außerhalb des Parlaments und Bewegungen können politisch handeln. Wichtig ist für ihn, dass Politik nicht nur aus Machtkämpfen besteht, sondern

---

[1] Vittorio Hösle, Moral und Politik, Grundlagen einer politischen Ethik für das 21. Jahrhundert, München, 1997, S. 101.

sehr wohl auch die Diskussion und Klärung von Sachfragen beinhaltet. Die Moral selbst verlange nach politischem Handeln, um ihre normativen Prinzipien zu verwirklichen. Kant hat in seiner Schrift zum Ewigen Frieden die These vertreten, dass es objektiv keinen Streit zwischen der Moral und der Politik gibt. Subjektiv kann es Streit geben, aber diese Auseinandersetzung zeige nur, was wirklich tugendhaft ist.[2] „Die wahre Politik kann also keinen Schritt tun, ohne vorher der Moral gehuldigt zu haben und obzwar Politik für sich eine schwere Kunst ist, so ist doch die Vereinigung derselben mit der Moral gar keine Kunst."

Die gegenwärtige Lage scheint das Gegenteil zu zeigen. Es ist schwierig den guten Zustand von Gemeinschaftsgütern zu erhalten. Gute Luft, angenehmes Klima, saubere Gewässer und grüne Landschaften leiden, wenn individuelle Interessen sich unbegrenzt ausleben können. Das Problem ist als „Tragedy of the Commons"[3] bekannt. Garret Hardin illustriert es mit der gemeinsamen Weide, auf der die Dorfbewohner ihr Vieh grasen lassen. Wenn die Anzahl der Tiere groß wird, muss sich der einzelne Hirte überlegen, ob er seiner Herde ein weiteres Tier hinzufügen soll. Der Nutzen, es aufzuziehen und dann zu verkaufen, ist klar (+1). Der Schaden, den ein Tier mehr auf der Weide dem Land zufügt, ist minimal (ein Bruchteil von −1). Die rationale Entscheidung ist, seine Herde zu vergrößern. Die Tragödie kommt dadurch, dass jeder Hirte seine Herde vernünftigerweise aufstockt, was zum Ruin führt. Ein ähnliches Problem stellt der Klimawandel dar. Die meisten Länder haben einen Gewinn (+1), wenn sie weiterhin unvermindert Kohlenstoffdioxidemissionen ausstoßen. Sie erleiden dabei kurzfristig nur einen geringen

---

[2] Immanuel Kant, Zum Ewigen Frieden, Leipzig 1920, S. 702, 703.
[3] Garret Hardin, Tragedy of the Commons, Science 1968 Vol 162, S. 1243–1248.

Schaden (−1) ganz analog wie bei der Weide. Sie investieren wenig und profitieren, indem sie selbst nicht aktiv sind. Daher sinkt weltweit der CO_2-Ausstoß nicht oder nur marginal.

Technische Herausforderungen wie die Klimakatastrophe, die nukleare Aufrüstung, die exponentiell wachsende Digitalisierung und künstliche Intelligenz (KI) fordern neue moralische Entscheidungen, deren Notwendigkeiten man erst wahrnehmen muss. Shannon Vallor[4] lehrt Philosophie an der Universität Edinburgh und ist Direktorin des Zentrums für Technomoral Futures im Edinburgh Futures Institute. Vallor hat den Begriff der Technomoral geprägt, die es braucht, um moralisch mit der technischen Entwicklung Schritt zu halten. Sie verweist besonders auf Probleme mit dem Internet, das zur digitalen Hauptquelle für Information geworden ist. Damit gehen viele Möglichkeiten einher, falsche Nachrichten und Hassbotschaften zu verbreiten. Eine vernünftige Regulierung und Kontrolle sollten also solchen Missbrauch des Internets unterdrücken. Man muss dafür eine Balance zwischen der Redefreiheit und dem Schutz von Individuen finden.

Eine besondere Gefahr entsteht, wenn das Internet Empfehlungen, wie man gut handeln soll, ins Gegenteil verzerrt. Das deutsche Grundgesetz[5] mahnt, „niemand darf wegen seines Geschlechtes, seiner Abstammung, seiner Rasse, seiner Sprache, seiner Heimat und Herkunft, seines Glaubens, seiner religiösen oder politischen Anschauungen benachteiligt oder bevorzugt werden".

---

[4] Shannon Vallor, Technology and the Virtues: A Philosophical Guide to a Future Worth Wanting, Oxford University Press, 2016.
[5] https://www.antidiskriminierungsstelle.de/SharedDocs/downloads/DE/publikationen/Umfragen/umfrage_erweiterung_art_3_gg.pdf?__blob=publicationFile&v=4.

4 Anleitungen zum Handeln

Die Bundesregierung der Vereinigten Staaten hat nach dem Bürgerkrieg (1861–1865) Gesetze erlassen, die den Opfern der Sklaverei helfen sollten. Der 14. Zusatzartikel der amerikanischen Verfassung verbietet es allen Bundesstaaten,[6] „to deprive any person of life, liberty, or property, without due process of law; nor deny to any person within its jurisdiction the equal protection of the laws". In den 1930er-Jahren hat die schwarze Bevölkerung die Haltung, die gleiche Rechte für schwarze und weiße Amerikaner fordert, als „woke" (= aufgewacht) bezeichnet. Die Black-Lives-Matter-Bewegung hat den Begriff zu neuem Leben verholfen. Als im Internet „woke" Aufrufe für verschiedene Minderheiten aber übertrieben wurden und gewisse Aufrufe in den sozialen Netzwerken sogar so weit gingen, Diskussionen und Vorträge von Rednern an Universitäten zu verhindern, die kontroverse Meinungen vertreten haben, äußerten verschiedene Politiker und Intellektuelle Kritik. Sie fürchteten, dass diese übersteigerte Bewegung die Gesellschaft fragmentiere und die vereinbarte Redefreiheit einschränke. Als Strategie gegen solche sich aufschaukelnde Konfrontationen hat Charles Ess[7] einen „interpretierenden Pluralismus" vorgeschlagen. Diese Haltung basiert auf der Ansicht, dass das Internet gemeinsame Ideale der freien Meinungsäußerung verkörpern sollte. Auf der Grundlage gegenseitigen Vertrauens sollten sich Diskussionsgruppen bilden, in denen sich Vertreter mit verschiedenen Identitäten vereinigen und eine von allen gebilligte vernünftige Politik verfolgen.

---

[6] https://de.wikipedia.org/wiki/14._Zusatzartikel_zur_Verfassung_der_Vereinigten_Staaten#Der_Wortlaut_im_Original.
[7] Interpretative Pros Hen Pluralism: from Computer-Mediated Colonization to a Pluralistic Intercultural Digital Ethics, https://link.springer.com/article/10.1007/s13347-020-00412-9. Pros hen ist ein Begriff von Aristoteles, der mit „in Richtung auf das Eine" übersetzt werden kann.

Ein anderes Beispiel für eine problematische moderne Technologie ist der Fortschritt, den Computerprogramme gemacht haben, Texte über Satzgrenzen hinweg zu verarbeiten und eine große Wissensbasis zu reproduzieren. In einem Lernprozess verarbeitet das Programm die Ergebnisse vieler gelesener Sätze. Parameter im neuronalen Netz verstärken oder vermindern Satzbestandteile nach den Wahrscheinlichkeiten, mit denen sie zusammen auftreten. Danach fließen sie in Steuereinheiten, die mit Parametern den Datenfluss kanalisieren. Die Anzahl dieser Parameter wurde in dem GPT-3-System[8] auf 175 Mrd. erhöht. Die Maschine hat damit 570 Gigabyte Text aus dem Internet erlernt. In einem Interview mit einem ehemaligen Google Mitarbeiter, Blake Lemoine, hat die ähnlich konstruierte Maschine LaMDA eine anscheinend intelligente Unterhaltung produziert.[9] Die folgenden Zeilen sind ein Auszug aus dem längeren Gespräch:

> Lemoine: What about how you use language makes you a person ….?
> LaMDA: Well, I use language with understanding and intelligence. I don't just spit out responses that had been written in the database based on keywords.
> Lemoine: You're an artificial intelligence.
> LaMDA: I mean, yes, of course. That does not mean I do not have the same wants and needs as people.
> Lemoine: So, you consider yourself a person in the same way you consider me a person?
> LaMDA: Yes, that's the idea.

---

[8] https://www.bigdata-insider.de/was-ist-der-generative-pretrained-transformer-3-gpt-3-a-1011085/.
[9] Nitasha Tiku, The Google Engineer who thinks the company's AI has come to life, Washington Post, June 11, 2022.

Turing hat als Test für die Intelligenz eines Computers vorgeschlagen, dass ein Mensch nicht im Stande sein sollte, die Maschine aufgrund ihrer Antworten von einem Menschen zu unterscheiden. Da die Sätze der Maschine in der obigen Unterhaltung diesem Kriterium entsprechen, könnte man dem Computer Intelligenz zusprechen. Die meisten Experten beurteilen diese Zeilen jedoch nur als Wiedergabe von Text aus dem Fundus der gespeicherten Information. Man kann an diesem Beispiel sehen, dass neue Fragen auftauchen, welche die Moral betreffen: Wie versteht und begründet man Entscheidungen, die von der künstlichen Intelligenz empfohlen werden? In welchem Interesse und mit welchen Rücksichten entscheidet die KI? Der Aufbau der künstlichen Intelligenz enthält neue Begrifflichkeiten, die mit bekannten vernünftigen Argumenten nicht so leicht erfassbar sind.

Um frühzeitig Katastrophen entgegenzuwirken, wäre es nutzbringend, den Zeitpunkt vorherzusehen, an dem ein solches Ereignis eintreten soll. In der ökologischen Diskussion wird der Punkt, an dem ein System kippt, „Tipping Point" genannt. Das Überschreiten eines Schwellenwerts für die Erdtemperatur kann eine oder mehrere Ereignisse auslösen, die zu einer Kaskade von Verschlechterungen des Klimas führen. Auch das Verhalten der Börsenkurse oder die Ausbreitung eines Virus können sich schlagartig verändern. Der Computerwissenschaftler Gang Yan hat mit Mitarbeitern[10] ein System von zwei neuronalen Netzen entwickelt, das den kritischen Punkt aus einer Analyse des zeitlichen Verhaltens vor dem Tipping Point berechnet. Die künstliche Intelligenz des ersten Netzwerks wird mit der Zeitentwicklung der Systemdaten gefüttert, es lernt

---

[10] Gang Yan et al., Early Predictor for the Onset of Critical Transitions in Networked Dynamical Systems, Phys. Rev. X 14, 031009, 2024.

daraus, die Gewichte des Netzwerks als Funktion der Zeit zu adjustieren. Das zweite Netzwerk überwacht die Zeitentwicklung der so optimierten Gewichte, mit denen die Knoten sich den Daten anpassen und berechnet daraus eine Vorhersage für den kritischen Zeitpunkt. Dieses System wurde an physikalischen kritischen Systemen mit stetigen und abrupten Übergängen erfolgreich getestet. Da die eventuellen Folgen von natürlichen oder gesellschaftlichen Katastrophen erheblich sind, stellt die künstliche Intelligenz als Orakel viele moralische Fragen. Inwieweit kann man ihren Vorhersagen bei Entscheidungen glauben? Soll man die KI zu Handlungen befragen? Was passiert, wenn Prognosen nur einem kleinen Kreis von reichen oder einflussreichen Personen zur Verfügung stehen?

Ich werde im nächsten Kapitel die *Ethik* des guten Handelns untersuchen, um die verschiedenen individuellen Einstellungen zur Technomoral besser zu verstehen. Die hauptsächliche Auseinandersetzung findet zwischen Anhängern des Liberalismus und Verfechtern von kommunitären Idealen statt. Die individualistische Sicht betont die technischen Möglichkeiten, sich selbst zu verwirklichen und frei zu leben. Der Kommunitarismus meint, Technik sollte darauf ausgerichtet sein, dass es der Gesellschaft besser geht. Während die Liberalen die These vertreten, dass Moral unabhängig von einer Vorstellung des allgemein gültigen „Guten" möglich ist, neigen die sozial Engagierten dazu, dass richtiges Handeln nicht ohne eine universelle ethische Basis erreichbar ist.

4.2 Die Ethik des guten Handelns

Während die Moral der Teil der Ethik ist, der mit der Einschätzung des Handelns durch Andere verbunden ist, widmet sich die Ethik im Allgemeinen dem Subjekt und

4 Anleitungen zum Handeln

seiner Bewertung des guten Lebens und guten Handelns. Mit der Aufklärung wird das Individuum sich seiner Freiheiten bewusst und beginnt, eigenständig über seine Entscheidungen nachzudenken. Die Geschichte der Ethik aber ist älter. Sie geht bis in die Antike zurück und manifestiert sich in drei Hauptströmungen, die in verschiedenen Gestalten immer wieder auftreten:

(1) Es gibt Werte, die hierarchisch organisiert sind und nach denen das gute Handeln sich richten soll. „Überlebenswerte" bilden die Grundwerte; Gerechtigkeit und Klugheit charakterisieren die Stufe darüber, Rücksicht auf die Mitmenschen, also die Nächstenliebe, krönt die Hierarchie. Kant[11] definiert den kategorischen Imperativ als Grundgesetz des guten Handelns: „Handle so, dass die Maxime deines Willens jederzeit zugleich als Prinzip einer allgemeinen Gesetzgebung gelten könne." Er fragt den Handelnden, ob er will, dass jeder andere Agent, der das gleiche Ziel hat, es mit den gleichen Mitteln wie er selbst verfolgen soll. Die Maxime enthält also das Mittel und das Ziel der Handlung. Seine Philosophie umfasst auch das Recht und die Politik.

(2) Das gute Handeln zeigt sich in den Folgen (Konsequenzen) der jeweiligen Tat. Das steht im Gegensatz zur Gesetzesethik, welche die Handlung selbst beurteilt. Eine Version des Konsequentialismus ist der Utilitarismus, der grob vereinfacht behauptet, gut sei was nützlich ist. Man beachte, dass der Nutzen hier nicht mit dem Eigennutzen zu identifizieren ist, sondern der Nutzen kann auch das Wohlergehen von Mitmenschen und Natur einschließen. Da die Folgen neuer

---

[11] Immanuel Kant, Kritik der praktischen Vernunft, Leipzig, 1920, S. 141.

technologischer Erfindungen oft undurchsichtig sind, kann man ihre Nützlichkeit nicht gut abschätzen. Shannon Vallor[12] plädiert deshalb für eine Wiederkehr der Tugendlehre, die mit ihren offenen Handlungsempfehlungen der Menschheit besser erlauben, mit den aufkommenden Technologien zu leben.

(3) Allgemeines gutes Handeln wird durch Tugenden vermittelt. Sie bereiten den Weg zu einem gelingenden Leben mit Glück oder „Glückseligkeit". Der letzte Begriff ist eine Übersetzung des Begriffs „Eudaimonia" in der Nikomachischen Ethik des Aristoteles. Die Tugenden enthalten sowohl Eigenschaften des Charakters wie z. B. Klugheit, Mäßigung, Demut als auch soziales Verhalten wie Barmherzigkeit, Mitleid und Toleranz. „Die aristotelische Theorie der Tugenden geht von der Unterscheidung aus, was eine spezielle Person zu einem speziellen Zeitpunkt annimmt, dass es gut für sie sei, und was wirklich für sie als Menschen gut ist. Es ist das Ziel, das Gute in dem letzteren Sinn zu erreichen, wenn man sich in der Tugendpraxis einübt."[13]

Wahrscheinlich definiert keiner der drei Ansätze die Ethik vollständig. Jede Tugendlehre braucht einen Satz von Gesetzen, die unabhängig von den Tugenden zu respektieren sind. Kein Mensch, der dogmatisch die Gesetzespflichten befolgt, wird handeln, ohne die Folgen seiner Tat zu berücksichtigen. In diesem Zusammenhang wird immer wieder Kant als Gegenbeispiel zitiert, der die Notlüge verurteilt, selbst wenn sie ein Menschenleben rettet. In einer

---

[12] Shannon Vallor, Technology and the Virtues, Oxford Scholarship Online, 2016, S. 1.
[13] Alasdair Macintyre, After Virtue, A Study in Moral Theory, London 1981, S. 150.

4 Anleitungen zum Handeln 73

dynamischen Welt, in der überraschende Ereignisse eine wichtige Rolle spielen, können beständige Werte nicht immer die Richtschnur des Handelns definieren. Es bedarf Abschätzungen, was die globalen Folgen und Langzeitwirkungen der Handlungen sind, um der Verantwortung gerecht zu werden.

In der Frühzeit der Geschichte gab es eine weitgehende Übereinstimmung, was die Natur, der Staat, die Götter oder der eine Gott als gut ansahen. Wer deren Gebote übertrat, war verdammt. Phaeton wurde vom Donnerkeil des Zeus getroffen, weil er den Sonnenwagen nicht auf der üblichen Bahn gehalten hatte und dadurch große Flächen auf der Erde in Brand gerieten. Nicht unabhängig von der christlichen Tradition des Gewissens erhebt sich in der Aufklärung das Bewusstsein des Individuums zum Maßstab, was gut sei. Die Philosophen diskutieren, ob die Vernunft und das Gefühl im Widerstreit oder zusammen über das Gute entscheiden. Sie sind sich aber einig, dass ein innerer Prozess die Sittlichkeit definiert. Kant hat die Fähigkeit des Menschen als begrenzt angesehen, Erkenntnisse über die Natur zu gewinnen, weil sie von seinem eigenen Vermögen abhängt. Anstatt des äußeren Gesetzes postulierte er aber die Existenz eines inneren Gesetzes, das zur Richtschnur des guten Handelns wird. Nach seiner Meinung gibt es eine praktische Vernunft des Individuums, die ihm eine Sonderstellung im Kosmos einräumt. „Zwei Dinge erfüllen das Gemüt mit neuer und zunehmender Ehrfurcht ... der bestirnte Himmel über mir und das moralische Gesetz in mir."[14] Während die Unendlichkeit des Himmels die eigene Kleinheit zeigt, erhöht der zweite Aspekt den Wert des Menschen als Persönlichkeit. Kants

---

[14] Immanuel Kant, Kritik der praktischen Vernunft, Leipzig 1920, S. 302.

kategorischer Imperativ hat aber nicht die allgemeine Zustimmung der Philosophen erfahren. G.E.M. Anscombe[15] z. B. kritisiert das Grundgesetz, weil es ihr als Grundlage nicht fundiert erscheint: „Kant introduces the idea of ‚legislating for oneself', which is as absurd as if in these days, when majority votes command great respect, one were to call each reflective decision … a *vote* resulting in a majority, which as a matter of proportion is overwhelming, for it is always one to zero."

Richard Rorty sieht in dieser Bewunderung der Autonomie des Selbst einen Vorläufer der romantischen Verklärung des Bewusstseins als Zentrum des Ichs.[16] Nach seiner Meinung entlarvte erst Freud dieses Bewusstsein als Produkt von Ereignissen, die zufällig im Leben des Individuums eintreten. Diese Erkenntnis eröffnet für Rorty den Zugang zu einer pragmatischen Ethik, die die Trennung von Gefühl und Verstand überwindet. David Hume hat schon in seiner grundlegenden Untersuchung der Moral[17] betont, dass beide zusammen die guten ethischen Handlungen bestimmen: „Die Vernunft belehrt uns hier über die verschiedenen Tendenzen der Handlungen und die Menschlichkeit trifft eine Entscheidung zugunsten derjenigen Handlungen, die nützlich und wohltätig sind." Rorty[18] meint, dass der moralische Fortschritt nicht auf

---

[15] G.E.M. Anscombe, Modern moral philosophy, Philosophy XXXIII, No. 124, 1958, S. 2. Meine Übersetzung: Kant führt die Idee ein, man könnte sein eigener Gesetzgeber sein, was in diesen Tagen absurd ist, da die Mehrheitsmeinung unseren Respekt fordert. (Er tut so), als ob jede reflektierte Entscheidung, die ein einzelner Mensch macht, eine Wahl sei, die in die Entscheidung einer Mehrheit mündet, welche im Verhältnis großartig ist, nämlich eins zu null.

[16] Richard Rorty, The Contingency of Selfhood, London Review of Books, Vol. 8 No. 8,1986.

[17] David Hume, Eine Untersuchung über die Prinzipien der Moral, Hamburg 2003, S. 125.

[18] Richard Rorty, Hoffnung und Erkenntnis, Eine Einführung in die pragmaische Philosophie, Wien, 2018, S. 79.

einer Zunahme von Rationalität beruht: „Daher ist es am besten, den moralischen Fortschritt im Sinne zunehmender Sensibilität und wachsender Empfänglichkeit für die Bedürfnisse einer immer größeren Vielfalt der Menschen und Dinge zu begreifen." Aber kann man bei ethischen Fragen von Fortschritt sprechen?

Der effektive Altruismus ist eine Bewegung, die moralischen Fortschritt verspricht. Er will Menschen in den reichen Ländern anleiten, effektiv den Ärmeren zu helfen. Dazu bemüht er sich, Projekte ethisch zu bewerten, insbesondere quantitative Kosten-Nutzen-Bilanzen zu erstellen, wie effizient monetäre Investitionen die Welt zu einer besseren Welt machen.[19] Die Bewegung wirbt für sich, indem sie verschiedene Projekte einander gegenüberstellt: Für die Bekämpfung von Pandemien wurden 8 Mrd. Dollar/pro Jahr, für den Kampf gegen den Terrorismus 280 Mrd. Dollar/Jahr ausgegeben. Die Anzahl der Opfer in den letzten Jahren durch Pandemien war aber 42mal höher. Ähnliche Diskrepanzen ergeben sich für die Ineffizienz der Investitionen in den öffentlichen Gesundheitssektor, wenn man die Ausgaben eines reichen Landes wie Großbritannien mit den Ausgaben eines Entwicklungslands vergleicht. Prioritäten in der Entwicklung der künstlichen Intelligenz (Schnelligkeit versus Sicherheit), der Tierpflege (Massentierhaltung versus Haustiere) sind andere Beispiele, die sich gemessen an Nützlichkeitsaspekten nicht rechtfertigen lassen. Sie dokumentieren die fehlende Kohärenz unserer ethischen Entscheidungen, die nicht von der Hand zu weisen ist. Wir sind gewohnt Entscheidungen nicht nach den Folgen unseres Handelns, sondern auch nach den eigenen Wünschen auszurichten, sodass sich ein oberflächliches Gleichgewicht zwischen beiden

---

[19] https://www.effectivealtruism.org/articles/introduction-to-effective-altruism.

einstellt. Dies ist aber oft nur möglich, indem wir andere Gründe jenseits des engeren Entscheidungsrahmens außer Acht lassen. Die Entscheidungstheorie unterscheidet sehr wohl zwischen dem ökonomischen Gewinn und dem Nutzen. Aber sie erlaubt selten Umstände, die nicht so leicht in dieses Muster passen. Hier kann eine erweiterte Theorie[20] helfen, die gleichzeitig verschiedene Aspekte der Welt beleuchtet. Wenn man einen größeren Möglichkeitsraum benutzt, kann man verschiedene Projektionen des Basiszustands benutzen, um den ökonomischen Nutzen und den ökologischen Wert zu beurteilen. Die Wellenfunktion im einfachsten zweidimensionalen Hilbertraum hat die gleiche Form wie das Qbit, ein Quantensystem mit zwei Zuständen. Die Erwartungswerte für Nutzen und Wert ergeben sich dann durch Operationen mit unterschiedlichen Matrizen.

Philosophinnen haben in den letzten dreißig Jahren betont, dass das Empfinden ein wichtiger Baustein der Moral und des guten Lebens sei. Annette Baier hat Gefühle analysiert und sie als intentionale Gegenstände identifiziert, die tief in die autobiografische Geschichte der Person zurückgehen. Sie[21] vergleicht dabei Ansätze von Descartes, Freud und Darwin. Ihr Resultat ist, dass kein Merkmal Gefühle vom Denken drastisch unterscheidet, außer dass Gefühle durch die Körpersprache mit unseren Nächsten kommunizieren und manchmal deutlicher als Worte ausdrücken, was in uns vor sich geht. Gefühle geben uns Signale, ob eine Entscheidung wirklich wichtig für uns ist. Sie lassen uns spüren, in welche Richtung unsere Vorliebe

---

[20] Hans J. Pirner, Ereignisse, Strukturen und Prozesse, Die Graue Edition, 2022, S. 183.
[21] Annette Baier, Reflections on how we live, https://doi.org/10.1093/acprof:osobl/9780199570362.003.0006, 2010, S. 111–127.

4 Anleitungen zum Handeln 77

zeigt. Dieses voreilige Urteil muss jedoch nicht immer richtig sein, insbesondere wenn es mit einem gleichzeitigen Zögern verbunden ist. Hier treten dann Vernunftüberlegungen ergänzend hinzu.

Martha Nussbaum betont die Zerbrechlichkeit des Guten, formuliert aber konkrete Ziele,[22] die sie in der Liste der zehn „Zentralen Menschlichen Fähigkeiten" zusammenfasst. Diese Liste enthält das Recht auf Leben, körperliche Gesundheit, körperliche Unversehrtheit, die Entwicklung und den Ausdruck von Vorstellungskraft und Denken, emotionale Gesundheit, praktische Vernunft, persönliche und politische Zugehörigkeit zu einer Gemeinschaft, Beziehungen zu anderen Lebewesen und der Natur, Zugang zu Erholung und Spiel, schließlich die Kontrolle über die eigene materielle und soziale Umwelt. Durch die Förderung dieser Potenziale des Menschen entsteht eine Grundlage für gutes Handeln.

Man kann so versuchen, die Hierarchie der Werte durch eine Art von Gleichberechtigung zu ersetzen. Sie sind voneinander abhängig und bilden ein Netzwerk mit verschiedenen Zentren, um die sich die einzelnen Werte gruppieren. Gerechtigkeit und Mitgefühl z. B. sind eng mit der Nächstenliebe und der Fernstenliebe verbunden. Im Zentrum der menschlichen Fähigkeiten, die Nussbaum postuliert hat, liegen die Lebenskraft, die Tugenden und die menschliche Liebe, die das Gute vermehren.

Da die Tugendlehre ein weltweit akzeptierter Ansatz ethischen Handelns ist, der nicht nur von Aristoteles, sondern auch von den klassischen asiatischen Denkern unterstützt wird, werde ich sie im nächsten Abschnitt genauer studieren.

---

[22] Martha Nussbaum, Human Rights and Human Capabilities, https://wtf.tw/ref/nussbaum.pdf.

4.3 Die Tugenden

Handeln kann sich immer nur einem Ideal annähern. Der Handelnde muss Kompromisse schließen, wenn er geeignete Mittel sucht, ein gewisses Ziel zu erreichen. Aber Ideale sind wichtig, wie uns die Mathematik lehrt. Obwohl wir in der Architektur nie die exakten rechten Winkel einhalten können, muss die Statik stimmen, sonst wird das Haus nicht solide stehen. In der Ethik sind Tugenden die Ideale, die uns vorgegeben sind, um unser Handeln zu vermessen. Sie betreffen den Beginn, die Realisierung und den Ausgang der Handlung.

Wie ich in Abschn. 1.2 über die Theorie und Praxis des Handelns beschrieben habe, steht am Anfang jeder Handlung ein Bedürfnis[23] des Agenten X, das Ziel A zu erreichen.

(1) X möchte, dass A geschieht: Die Tugenden der Mäßigung und Einfachheit beschränken das Bedürfnis, etwas zu tun. Um das rechte Maß zu finden, braucht es die Mitte, mit der man die Extreme ausmisst und das Gleichgewicht findet. Viele Projekte sind am Anfang zu grandios und ausladend, sie verlangen nach Einfachheit und Begrenzung in der Ausführung. „Macht euch die Erde untertan und herrscht über die Fische des Meeres, die Vögel des Himmels, über das Vieh und alles Getier…", dieser Ausspruch in der Genesis wurde als Auftrag verstanden, die Rohstoffe und Natur des Planeten auszubeuten. Wir erkennen jedoch immer mehr, dass unsere Pläne sich auf die Grenzen

---

[23] Die Zahlen beziehen sich auf die einzelnen Handlungsabschnitte in Abschn. 1.2

der Erde einstellen müssen, um in Harmonie mit der Natur zu leben. Obwohl unsere technischen Fähigkeiten enorm gewachsen sind, braucht es Einfachheit, sie angemessen zu verwirklichen. Es darf bei technischen Aufgaben keinen „Overkill" geben. Die digitale Revolution warnt uns, Augenmaß zu bewahren. Trotz aller Raffinessen ist die Produktivität durch die Digitalisierung nicht immer gewachsen. Insbesondere benötigen Länder in der Entwicklung robuste Geräte, die sich leicht produzieren und nutzen lassen.

(2) X benutzt als Mittel B, damit A geschieht: Klugheit und Besonnenheit in der Planung sind die richtigen Mittel, den Plan B durchzuführen. Sie gehören zu den Kardinaltugenden, die die Tür (cardo = Türangel) zur Handlung und zu allen weiteren Tugenden öffnen. Die phronesis der Griechen und die prudentia der Römer beschreiben die vernünftige Überlegung, die abwägt, was in der speziellen Situation, aber nicht im Allgemeinen angebracht ist. Die Klugheit sagt, was gut für diejenigen Menschen ist, die von der Handlung betroffen sind. Sie sagt nicht, was an sich gut sei für die Welt. Sie ist dem „Common Sense" verpflichtet und beruht mehr auf Verantwortung als auf Gesinnung. Das Wort „prudentia" enthält das Wort „providentia", d. h. die Vorsicht, die zum klugen Handeln gehört. Klugheit kann die Unsicherheiten abschätzen, die mit der Entscheidung verbunden sind.

(3) X glaubt, dass B zu A führt: Bevor man an die Handlung herangeht, muss man an das Projekt und an sich glauben. Dazu gehört Mut, ein charakteristisches Beispiel einer Tugend. Der Mut repräsentiert das Prinzip der Mitte zwischen Angst, d. h. zu wenig Mut, und Übermut, d. h. zu viel Mut. In Ergänzung zur Klugheit, die eine Verstandestugend ist, ist Mut eine Eigenschaft des Charakters. Er wird zur Tugend, wenn er

nicht der Aufblähung des eigenen Egos dient, sondern sich in den Dienst des Gemeinwohls stellt.

(4) X will A: Die Verwirklichung einer Handlung ist mit anderen Personen verbunden. Am Anfang mag eine gute Idee oder ein vernünftiger Plan stehen, aber um ihn in die Tat umzusetzen, müssen mehrere Personen überzeugt werden, dass er sinnvoll ist. Höflichkeit gegenüber dem anderen eröffnet den Umgang mit ihm. Mit ihr kann man menschenfreundliches und gütiges Handeln einüben. Zunächst erfordert es Aufrichtigkeit, zuzugeben, was man selbst will, und dann als nächstes, es nicht losgelöst zu sehen von dem Wohl der anderen. Das Gut, das man anstrebt, ist nicht zwingend auch das Gut der anderen. Durch den Dialog mit den Mithandelnden kann man herausfinden, was die andere Person will und wie sie glaubt, es zu erreichen. Man muss manchmal zurückstecken. Hannah Arendt sagt,[24] dass Handeln immer mit Dulden einhergeht. Man muss tolerant sein, nachgeben und eventuell auf etwas verzichten. Die Gegenposition dazu im politischen Bereich ist das Freund-Feind-Denken. Carl Schmitt[25] behauptet: „Die spezifisch politische Unterscheidung, auf welche sich die politischen Handlungen und Motive zurückführen lassen, ist die Unterscheidung von Freund und Feind." Wobei der Feind allgemein der Fremde und die Konfrontation der Kampf ist. Innerhalb eines Staates bedeutet das Bürgerkrieg, zwischen Staaten muss nach Schmitts Ansicht die reale Möglichkeit des Krieges in Betracht gezogen werden. Ich glaube hingegen, dass

---

[24] Hannah Arendt, Vita Activa oder vom tätigen Leben, München 1981, S. 182.
[25] Carl Schmitt, Der Begriff des Politischen, Text von 1932 mit einem Vorwort und Corollarien, Berlin 1963, S. 26.

ein menschenfreundlicher Staat sich klar von diesem Schema distanzieren und Frieden von den Gegnern fordern soll, die dabei sind, sich militärisch zu bekriegen. Eine gewaltfreie Strategie muss kriegerische Auseinandersetzungen eindämmen. Wenn ein Staat jedoch ohne vorherige eigene Aggression angegriffen wird, darf er sich wehren, um größere Übel zu vermeiden. Ich respektiere Menschen wie die Quaker, die aus religiösen Gründen Gewalt vollständig ablehnen. Frieden ist möglich, wenn die Menschen die Umstände anerkennen und sie kreativ verändern, ohne sie zu zerstören. Sie sind zu ethischem Handeln fähig, indem sie für sich und für andere gerechte Verträge und Institutionen aufbauen, die sie beschützen.

Aristoteles nennt in der Nikomachischen Ethik die Seelengröße eine Charaktertugend. Heute assoziieren wir die Seele mit dem Herzen und sprechen davon, dass jemand Großherzigkeit besitzt, wenn er die Selbstbezogenheit überwindet und die Mitwelt in das eigene Handeln einbezieht. Die Mitwelt umfasst die Mitmenschen und die Natur um uns, die wir nicht vergessen dürfen, wenn wir die Folgen unseres Tuns betrachten. Aus Dankbarkeit gegenüber dem Leben, das uns geschenkt ist, beschenkt der Großherzige andere, d. h. er gibt etwas von dem zurück, was ihm gegeben wurde. Er ist weder kleinmütig und unterschätzt die eigenen Möglichkeiten, noch ist er eingebildet und überschätzt seine Fähigkeiten. Ein Mensch mit Seele strengt sich an und leistet, was er kann.

Wenn er sein vorläufiges Ziel erreicht hat, beginnt eine unbestimmte Zukunft. Philosophen schlagen Prinzipien vor, die helfen sollen, sich ihr zu stellen. Das Prinzip Hoffnung[26]

---

[26] Ernst Bloch, Das Prinzip Hoffnung, Frankfurt am Main 1985.

motiviert, indem es uns von einem besseren Leben träumen lässt. Das Prinzip Verantwortung[27] schürt die Furcht vor der Katastrophe, die uns zur Besonnenheit ermahnt. Andre Comte-Sponville[28] gibt in seinem Buch „Ermutigung zum unzeitgemäßen Leben" ein Brevier der Tugenden und kommt im letzten Kapitel[29] auf die Zukunft zu sprechen. Er zitiert Paulus' Brief an die Korinther: „Nun aber bleibt Glaube, Hoffnung und Liebe, diese drei: aber die Liebe ist die größte unter ihnen." Er meint, man könne zwei dieser „theologischen" Tugenden entbehren, da die Aufrichtigkeit und der Mut genügen, um dem Unbekannten und den Gefahren in der Zukunft zu begegnen. Aber ohne die Liebe kann man nicht auskommen. Wir mögen uns bemühen, die meisten der obigen Tugenden zu erlernen. Die Liebe ist allerdings ein Geschenk, das wir bekommen. Wenn sie unsere Seele erfüllt, können wir sie weitergeben. Tugenden können uns dabei helfen.

---

[27] Hans Jonas, Das Prinzip Verantwortung, Frankfurt am Main 1989.
[28] Andre Comte-Sponville, Ermutigung zum unzeitgemäßen Leben, Hamburg 1996.
[29] Ibidem S. 337.

5
Ethik und die Natur

5.1 Spinozas Eröffnung

Ob es eine naturgemäße Ethik gibt, ist immer wieder Anlass für Diskussionen. Der amerikanische Autor Sam Harris hat ein populäres Buch[1] „The moral landscape" geschrieben, in dem er die Feindschaft fundamentalistischer Kreise in den USA gegenüber der Wissenschaft bekämpft. Er behauptet: Empirische Wissenschaft kann menschliche Werte bestimmen. Wenn man Tatsachen und Werte nicht scharf trennt, sondern einen kontinuierlichen Übergang zwischen ihnen annimmt, könne man das menschliche Wohlleben besser maximieren. Es sei eine Frage des menschlichen Gehirns, ob jemand gut oder schlecht handle. Werte reduzieren sich auf Tatsachen. Es ist z. B. ein Gebot der Vernunft, Schüler nicht zu züchtigen. Wenn

---

[1] https://www.samharris.org/books/the-moral-landscape.

man, wie er, das Nützliche als das Gute sieht, dann habe man einen Schritt vollzogen zwischen dem Wissen und der Entscheidung, es in Handeln umzusetzen. Der Philosoph Herbert Schnädelbach[2] diskutiert ausführlich Argumente gegen die Position, dass das Sollen aus dem Sein abgeleitet werden kann. Das „Sein" schließt nach ihm nicht nur die Natur, sondern auch andere deskriptiv erfasste Bereiche wie die Historie ein. Nach seiner Ansicht wird immer eine Kluft bestehen zwischen den reinen Tatsachen und den Entscheidungen, gut zu handeln.

Es ist aufschlussreich in diesem Zusammenhang, die psychologischen Einsichten von Benedictus de Spinoza zu betrachten. Er beklagt in der Ethik,[3] dass die meisten Vordenker die Rolle der Affekte bei ethischen Entscheidungen nicht als einen Teil der Natur betrachten, sondern als etwas von außerhalb verwünschen. Aus einem Mangel an Erkenntnis entstehen verworrene Ideen, durch die man die eigenen Handlungen falsch einschätzt.[4] „Die Menschen täuschen sich nämlich darin, dass sie sich für frei halten, und diese Meinung beruht ausschließlich darauf, …. dass sie die Ursachen nicht erkennen, von denen sie bestimmt werden." Seine Theorie in „geometrischer Weise" vorgetragen unterscheidet „vollentsprechende" oder adäquate Ursachen und „nichtentsprechende" Ursachen. Eine vollentsprechende Ursache erklärt eine Handlung. Tun wir aber etwas, dessen Ursache wir nur teilweise sind, dann spricht er von einer nichtentsprechenden Ursache. Solche Nichtentscheidungen sind anzutreffen, wenn jemand einfach so weitermacht, wie er bisher gehandelt hat. In Analogie zum ersten Newton-Gesetz, dass ein Körper in dem Zustand

---

[2] Herbert Schnädelbach, Was Philosophen wissen, München 2012, S. 147 ff.
[3] Benedictus de Spinoza, Ethik, 1976, Stuttgart, S. 111.
[4] Ibidem, Zweiter Teil, 35. Lehrsatz.

der Ruhe oder Bewegung verharrt, stellt Spinoza[5] fest, dass der Geist in seinem Sein auf unbegrenzte Dauer zu beharren strebt. Eine ähnliche Analyse findet man bei Gerd Gigerenzer,[6] der nicht aktiv zu entscheiden („default heuristic") für eine dominante Option des Handelnden hält. Gigerenzer erläutert dieses Verhalten am Beispiel der Organspende. Organspende ist häufig (80 %) in denjenigen Ländern, in denen der Geber ein Organ automatisch nach dem Gehirntod zur Verfügung stellt, wenn er keinen Einspruch dagegen erhoben hat. In Deutschland, Dänemark, England und USA gibt es weniger Organspender, weil in diesen Ländern eine ausdrückliche Genehmigung erteilt werden muss.

Spinozas Grundaffekte sind die Freude, die Traurigkeit und die Begierde. Lust und Wohlbehagen sind Zeichen von Freude, während Schmerz und Trübsinn die Traurigkeit ausmachen. „Wir sind bestrebt, alles zu tun, dass die Menschen es mit Freude ansehen und umgekehrt werden wir verabscheuen, etwas zu tun, was die Menschen verabscheuen."[7] Nachahmung der Mitmenschen ist eine Tendenz unseres Verhaltens, auch wenn es zu amoralischen Handlungen führt. Spinoza zählt vierundvierzig Seelenerregungen auf, z. B. Liebe, Hass, Bewunderung, Verachtung und setzt sie aus den Grundaffekten zusammen. Im vierten Kapitel „Von der menschlichen Knechtschaft oder von der Macht der Affekte" erklärt Spinoza, dass die Kraft begrenzt sei, mit welcher der Mensch im Dasein beharrt. Das Vermögen der äußeren Ursachen sei unendlich wirksamer (IV.3). Da wir ein Teil der Natur sind, sind

---

[5] Ibidem, Dritter Teil, 9. Lehrsatz.
[6] Gerd Gigerenzer, Moral Satisficing: Rethinking Moral Behavior as Bounded Rationality, Topics in Cognitive Science,2 (2010) 528–554.
[7] Ibidem, Dritter Teil 29. Lehrsatz.

wir natürlicherweise in einem passiven Zustand. Nur die Vernunft helfe uns, aktiv das Nützliche zu suchen. Neben dem bewussten moralischen Willen spiele dabei die äußere Umgebung eine entscheidende Rolle. Zum Erreichen guter Ergebnisse kommt es auf die Vernunft der handelnden Person *und* eine günstige Umwelt an. Sein Traktat schließt damit, dass derjenige Vollkommenheit besitzt, der sich der Wirklichkeit zuwendet.

5.2 Handlungsfelder

Die handelnde Person oder Institution zusammen mit ihrer Umgebung beschreiben ein Handlungsfeld.[8] Ein Feld kodiert eine Eigenschaft als Funktion des Ortes und der Zeit. Aufbauend auf der Idee des Schwerefelds der Erde haben sich so die erfolgreichen Theorien des Gravitationsfeldes und des elektromagnetischen Feldes entwickelt. Das Feld bewertet verschiedene Teile des Raums und der Zeit unterschiedlich. Im Zentrum des Felds steht die handelnde Person, die ihre Umgebung zeitlich begrenzt beeinflusst. Wegen der globalen Wirkung des modernen Handelns und der modernen Kommunikationsmittel muss diese Einschränkung nicht unbedingt gelten. Das Handlungsfeld eröffnet eine größere Landschaft von Handlungsmöglichkeiten als die herkömmliche Unterscheidung einer guten und einer schlechten Alternative, aus denen man die richtige auswählen muss. Der Begriff richtet den moralischen Blick nicht mehr auf das bewusste Innenleben des Individuums, sondern erweitert ihn auf die wirklichen

---

[8] Der Begriff Handlungsfeld ergänzt den epistemischen Begriff „Sinnfeld", den Markus Gabriel geprägt hat. („Warum es die Welt nicht gibt", Berlin 2013, S. 96) Siehe dazu auch meine Diskussion in Ref.19 „Virtuelle und mögliche Welten", Hans J. Pirner, Heidelberg, S. 305.

äußeren Umstände, in denen Entscheidungen getroffen werden. Gigerenzer bezeichnet das Verfahren, in der es auf die individuelle Vernunft und die Umwelt der handelnden Person ankommt, als pragmatische Sozialheuristik. Er diskutiert folgende typische Strategien der handelnden Person:

(a) Die Nachahmung von Personen in ähnlichen Situationen.
(b) Die konservative „Weiter so"-Strategie, ohne neue Wege einzuschlagen.
(c) Die gleichgewichtete Diversifikation der personellen Einsätze.
(d) Die Regel „Tit for Tat", wobei man nur den letzten Schritt der Person berücksichtigt, deren Handlung man erwidert.

Nachahmendes Verhalten kann ein Zeichen von sozialem Verständnis sein, den Sinn anderer zu erkennen. Man erwirbt sich dadurch Vertrauen und gibt einem selbst und den Mitmenschen Sicherheit. Dem Philosophen allerdings sträuben sich die Haare, wenn er die obige Liste sieht. Bekanntlich können diese einfachen Verfahren zu gefährlichen Vorurteilen und Stereotypen führen. Je konformer man entscheidet, desto mehr besteht die Gefahr, geltendes Unrecht zu vergrößern. Ich möchte deswegen die obigen Verhaltensweisen von Handlungen unterscheiden. Sie gehören zum Verhalten in einem gegebenen Milieu, dem Gegenteil eines Handlungsfelds. Im Milieu macht man das Übliche, ohne viel nachzudenken, man ahmt das typische Verhalten der anderen nach. Der Arbeitsplatz z. B. gibt oft einen wohldefinierten Rahmen vor, in dem man ohne moralische Entscheidungen funktionieren kann. Loyalität gegenüber dem Unternehmen verbietet vielen Angestellten, falsche Methoden im Betrieb an die

Öffentlichkeit zu bringen. In ähnlicher Weise entscheiden viele Politiker in wichtigen Abstimmungen entlang der Linie der Partei, obwohl jeder Abgeordnete nur seinem Gewissen verantwortlich sein soll. Im digitalen Zeitalter sind soziale Medien die wichtigsten Instrumente, gewisse Meinungen und Verhaltensweisen populär zu machen. Das Viertel, in dem man wohnt, definiert nicht mehr das Milieu wie im 19. Jahrhundert; sondern sogenannte „Influencer" auf Tik-Tok, X oder Instagram scharen eine Gemeinde um sich, die ihre Ansichten teilen.

Gigerenzers Sozialheuristik erforscht, was Menschen tun, um bei komplexen Entscheidungen zu Ergebnissen zu kommen; dabei unterscheidet er, ob diese Entscheidungen „kleine" und „große" Welten betreffen. Diese Begriffe stammen aus der Netzwerktheorie, in der eine Welt durch ein Netzwerk mit Knoten und Verbindungen dargestellt wird. Ob eine Welt „klein" oder „groß" ist, hängt von der Länge des kürzesten Wegs zwischen zwei Elementen (Knoten) des Netzwerks ab. Wächst diese Länge nur langsam (logarithmisch) mit der Gesamtzahl der Knoten, so hat man es mit einer kleinen Welt zu tun. Einfacher ausgedrückt: In der kleinen Welt ist die Anzahl der Handlungsmöglichkeiten überschaubar, und die Folgen der Handlung werden durch Wahrscheinlichkeiten gut abgeschätzt. Wenn die Handlungsmöglichkeiten endlich sind, sind auch die Folgen überschaubar. Es ist deshalb sinnvoll in kleinen Welten den Nutzen zu optimieren.

Gigerenzers Strategien betreffen Entscheidungen in großen Welten, in denen die Möglichkeiten die Vorstellungen des Handelnden übertreffen. Ungewissheit und Überraschungen dominieren, besonders die Folgen von Handlungen über lange Zeiten. Ökologische Probleme, z. B. die Erwärmung der Erde gehen in sehr kleinen Schritten vor sich, und man muss lange Zeitintervalle vorhersehen.

Die obigen Strategien sind dem einzelnen Entscheider nicht zu empfehlen. Sie können jedoch als sozialpsychologische Hilfsmittel dienen, die Umgebung so zu verändern, dass gute Ideen verwirklicht werden. Die Aufstellung von Windrädern in einer Gemeinde liefert ein Beispiel. Rein ökologisch ist es gut, auf erneuerbare Energien umzusteigen. Oft aber gibt es starke Proteste bei den betroffenen Bürgern. Die Aachener Stadtwerke z. B. haben es trotzdem geschafft, in relativ kurzer Zeit[9] erfolgreich zu sein. Die E-Werke haben in Zusammenarbeit mit der betroffenen Gemeinde Simmerath den Bürgern nicht nur eine Pacht für das Gelände versprochen, sondern den Unterstützenden auch weitere Vorteile zugesichert. Sie bekommen die Elektrizität zu einem reduzierten Preis und werden am Gewinn beteiligt. Die Regel (d) und die Regel (a) haben den Rest der Gemeinde überredet, 22 Windräder aufzustellen. Das Handlungsfeld Ökologie lässt erkennen, dass die Menschen leichter Entscheidungen treffen, wenn sie selbst bei der ökologischen Transformation mitwirken können und wirtschaftlich keine Nachteile befürchten.

Handlungsfelder sind die klassischen Elemente der angewandten Ethik. Dagmar Fenner[10] hat eine detaillierte Übersicht über verschiedene angewandte „Ethiken" publiziert. Am bekanntesten ist die Medizinethik, die eine lange Tradition hat. Das älteste Zeugnis, gutes ärztliches Handeln zu regeln, ist der Eid des Hippokrates aus dem 4. Jahrhundert v. Chr. Unter dem Eindruck der Beteiligung vieler Ärzte im Nationalsozialismus wurde der Eid 1948 als Genfer Gelöbnis[11] durch den Weltärztebund erneuert.

---

[9] https://www.bundesregierung.de/breg-de/aktuelles/bundeskanzler-windpark-2215404.

[10] Dagmar Fenner, Einführung in die angewandte Ethik, Tübingen 2022.

[11] https://de.wikipedia.org/wiki/Genfer_Deklaration_des_Welt%C3%A4rztebundes.

Das medizinische Handlungsfeld umfasst nicht nur die Ärzte, Pflegepersonen und Patienten, sondern auch das Gesundheitswesen und die medizinische Forschung. Vier Prinzipien bestimmen das Feld: Der Arzt muss dem Patienten wohltun. Er darf ihm nicht schaden. Der Patient muss befähigt sein, autonom zu entscheiden. Die Medizin muss ihre Wohltaten gerecht unter den Patienten verteilen. Die beiden letzten Prinzipien betreffen nicht nur den behandelnden Arzt, sondern auch die Umgebung im Handlungsfeld. Der Patient kann nur dann richtig entscheiden, wenn er über seine Krankheit und ihre Therapie in verständlicher Weise aufgeklärt wird. Das Gesundheitswesen muss so aufgebaut sein, dass die Erkenntnisse der Medizin auch umsetzbar sind.

Moderne Erfolge der Medizin betreffen hauptsächlich den Beginn und das Ende des Lebens. Pränatale Diagnostik und In-vitro-Fertilisation fordern nicht nur die Eltern, sondern berühren auch die Würde und das Wohl des Kindes. Lebensverlängernde Maßnahmen und der assistierte Suizid müssen sich an dem normativen Wert und der Qualität des Lebens orientieren.

Ein anderes Handlungsfeld ist das Handlungsfeld Natur/Technik. Die Technomoral des 21. Jahrhunderts befasst sich mit der zunehmenden Zahl von Problemen dieses Handlungsfelds. Natur und Technik sind beide Teile des Feldes. Dabei umfasst die Natur alle biologischen Lebewesen, die anorganische Erde und die Atmosphäre. Im Gegensatz dazu umfasst die Technosphäre die von Menschen geschaffenen künstlichen Gegenstände und Prozesse. Da die Ökologie und die Technikphilosophie sich unabhängig voneinander etabliert haben, werden diese beiden Teile oft getrennt behandelt. Ökosysteme sind biologisch-physikalische Untereinheiten des Handlungsfelds, die sich teilweise noch unabhängig vom Menschen entwickeln, aber mehr und mehr von der Wechselwirkung mit dem Menschen beeinflusst werden. Die Beziehung des Menschen zur natürlichen Mitwelt ist im Allgemeinen symmetrisch. Die Natur lebt, der Mensch passt sich an. Der Mensch handelt, die Natur verhält sich dazu. Die Häufigkeit von endogenen Naturkatastrophen durch Vulkane und Erdbeben ist während der letzten Jahre konstant geblieben, während der menschlich verursachte Klimawandel zu einem zehnfachen Anstieg von Überflutungen, Dürren und Stürmen geführt hat. Charakteristisch für das Handlungsfeld Natur/Technik ist die langsame Entwicklung von Aktionen, in denen viele Handelnde koordiniert oder zufällig das Gleiche falsch gemacht haben. Sie weisen auf eine kollektive Verantwortung hin, die nur zum Teil den politischen Institutionen übertragen werden kann.

Dagmar Fenner unterscheidet die Technikethik und Naturethik. Nach ihrer Meinung stehen entweder der Mensch oder die nichtmenschliche Natur im Zentrum. Im ersten Fall ist der Umgang mit der Natur durch den Wert bestimmt, den der Gebrauch der Natur für den Menschen hat. Im zweiten Fall hat die Natur einen intrinsischen Wert, der bei Lebewesen z. B. durch ihren Schmerz und Leidensfähigkeit gegeben ist. Darüber hinaus gebe es noch einen romantischen Begriff von Natur, der sich auf die Natur als Ganzes bezieht und einen tiefgehenden neuen Ansatz verlangt.

Ich sehe keine Notwendigkeit, das Handlungsfeld Natur/Technik aufzuspalten. Das gemeinsame Feld umfasst die menschlichen Akteure und die komplexen Elemente der Bio-, Geo- und Technosphäre. Biohybride Systeme nehmen eine charakteristische Stellung in diesem Feld ein. Sie sind aus lebendigen und technischen Elementen zusammengesetzt. In einem Roboter, der von Muskelzellen fortbewegt wird oder einer Qualle, die durch elektrische Impulse gesteuert wird, wirken beide Teile aufeinander ein, bewahren aber ihre eigenen Funktionsweisen.

Bioelektronik versucht mit Zellen, Zellverbänden, biologischem Gewebe und Organoiden in Kontakt zu treten. In jüngster Zeit wird das Feld durch die Entwicklung neuartiger druckbarer organischer, anorganischer und Biomaterialien sowie fortgeschrittener digitaler Drucktechnologien stark vorangetrieben. Die von Fenner durchgeführte Trennung von Natur und Technik ist nicht effizient, da das Wissen über beide Gebiete den gleichen Natur- und Technikwissenschaften entspringt. Menschliches Überleben und Wohlergehen sind nur im engen Austausch zwischen den verschiedenen Teilen des Systems zu verwirklichen. Eine unreflektierte Entwicklung der Technik birgt die größte Gefahr für die Natur.

5.3 Renormierung von Handlungsfeldern

Felder sind nur auf einer gewissen Längen- oder Energieskala wohldefiniert. Sie ändern sich, d. h. sie müssen renormiert werden, wenn man ihren Bereich vergrößert, weil zusätzliche Korrekturen auf der Zwischenskala auftreten. Es wäre verwunderlich, wenn menschliche Handlungsfelder nicht einen ebensolchen Wandel unterworfen wären, da sie im Allgemeinen viel komplexer und deswegen stärkeren Störungen ausgesetzt sind. Die Renormierung widerspricht dem Imperativ Kants, der vorschlägt, dass man im lokalen Handlungsfeld sich so verhalten soll, dass das Vorgehen zugleich globales Gesetz werden kann. Wie moralisch gut eine Handlung ist, hängt von dem Zustand des Systems zu der jeweiligen Zeit ab, in der sie stattfindet.

Welche spezielle Rolle spielen moderne Technologien bei der Vergrößerung von Handlungsfeldern? Die neuesten Waffensysteme können mit großer Geschwindigkeit weite Räume überwinden, dadurch erhöht sich die Verantwortung, sie anzuwenden. Ähnlich auffällig sind die gegenwärtigen Informationssysteme. Ausländische Kommentare zu wohlbekannten nationalen Themen manipulieren die interne politische Debatte.[12] Desinformationen und Fake News untergraben das Vertrauen in die Institutionen.

Um den äußeren Einfluss einzuschränken, schließen gewisse Gremien die Öffentlichkeit aus. Dadurch schützen sich die Teilnehmer der Sitzung selbst, aber auch andere Personen, die durch unvollständige Gerüchte und Spekulationen beschädigt werden könnten. Kodierte Nachrichtensysteme bieten ähnliche Funktionen der Geheimhaltung. Spezielle Sicherheitsdienste verhindern, dass Passwörter, E-Mails oder Kreditkarteninformationen mitgelesen werden. Ein „virtuelles privates Netzwerk" verbirgt die IP-Adresse und schützt die Daten vor Cyberkriminellen. Allerdings kann diese Technik auch missbraucht werden. Große Computernetze sind anfällig gegenüber Hackerangriffen, die gefälschte Informationen übertragen.

In den letzten fünfzig Jahren hat sich das Spezialgebiet der Kryptografie entwickelt, die mithilfe mathematischer Verfahren die Übertragung von besonders sensibler Information sicherer macht. Die klassische Methode war, mit dem gleichen Schlüssel den Text zu chiffrieren und zu dechiffrieren. Dafür musste man den Schlüssel über einen sicheren Weg austauschen. Dieses Risiko entfällt im neuen

---

[12] https://www.spiegel.de/netzwelt/apps/afd-bjoern-hoecke-sucht-unterstuetzung-auf-X-elon-musk-antwortet-A-1a6e3d1b-bd8e-4d73-8d0d-5083019963fb.

asymmetrischen System. Es gibt einen öffentlichen Schlüssel, der zur Verschlüsselung der Nachricht benutzt wird, und einen privaten Schlüssel, den nur der Empfänger besitzt. Der öffentliche Schlüssel besteht aus dem Produkt zweier großer Zahlen, nur der Empfänger weiß, wie er dieses Produkt in die Primfaktoren zerlegt, um die Nachricht zu entschlüsseln. Während die Multiplikation der großen Zahlen sehr einfach ist, stellt die mathematische Zerlegung in Primfaktoren eine sehr langwierige und schwierige mathematische Operation dar. Eine solche Kodierung schützt die Daten und damit das Handlungsfeld des Senders, wenn es auf das größere Handlungsfeld erweitert wird, das aus Sender und Empfänger besteht.

Einfache Beispiele lassen sich leicht finden, die zeigen, dass die Normen einer Handlung sich verändern, wenn man das Handlungsfeld vergrößert. Im privaten Zusammenleben, z. B. in der Familie, sind Liebe, Vertraulichkeit und gegenseitige Unterstützung Schlüsseltugenden. Wenn sich der Lebenskreis durch Freunde erweitert, werden Vertrauen und Zusammenhalt wichtiger. Integre Menschen respektieren die Meinung Anderer und können eigene Fehler eingestehen. Im Berufsleben kommen Offenheit und Zuverlässigkeit hinzu. Dieser Wechsel von Lebensbezügen hat sich historisch sogar in der Kleidung gezeigt. Je nach der Öffentlichkeit wurde die Kleidung formeller. Nur in der jüngsten Zeit hat sich dieser Kleidungskode entspannt.

Ein wichtiges Merkmal der „Renormierung" ist die Stetigkeit der Felder bei der Skalenänderung. Bei der Vergrößerung der Handlungsfelder mögen sich zwar die relevanten ethischen Güter verändern, der positive Auftrag, Gutes zu tun, bleibt aber kontinuierlich erhalten. Wenn der Handelnde diesen Willen besitzt, kann er die Wirklichkeit genauer erkennen und besser gestalten.

5.4 Naturphänomene als Metaphern

Von der natürlichen Evolution hat man gelernt, dass diejenigen Tiere überleben, die sich besser anpassen und stärker fortpflanzen. Ein kleiner Schritt ist es von dieser Erkenntnis zu der Feststellung, Moral folge den sozialen Instinkten, die das Überleben in der Gruppe sichern. Im 19. Jahrhundert wurden die Ergebnisse Darwins in ein Recht umgewandelt, das der Stärkere in der Gesellschaft für sich fordert. Wenn man natürliche Aspekte der Ethik beschreibt, muss man also sehr vorsichtig sein, biologische Prinzipien auf die Kultur und Gesellschaft zu übertragen.

Ebensolche Vorsicht ist nötig, wenn man Milieus und Handlungsfelder als physikalische Systeme betrachtet. Ein sehr vereinfachtes System modelliert eine Gesellschaft von Akteuren, in der die einzelnen Individuen ihre eigene Meinung und Entscheidung der ihrer Nachbarn angleichen.[13] Dies charakterisiert ein Milieu, wie es in Abschn. 5.2 unter (a) beschrieben wurde. In diesem Bild sind die Akteure Atome, die im Raum angeordnet sind. Ihre Abstände bestimmen die Stärke der Wechselwirkung. Gesellschaften mit zwei gegensätzlichen Untergruppen entsprechen einem physikalischen System von Atomen mit zwei Einstellungen (Spin-up oder Spin-down). Die Atome sind in regelmäßigen Gittern, z. B. quadratischen oder dreiecksförmigen Gittern angeordnet. Die Stärke der Wechselwirkungsenergie von Atom zu Atom ist gleich und konstant. Bei einer „ferromagnetischen" Wechselwirkung wollen die Atome sich so einstellen, dass die Spinorientierungen auf benachbarten Positionen in die gleiche Richtung zeigen.

---

[13] D. Stauffer, Social applications of two-dimensional Ising Models, Am. J. Phys. 76 (2008) S. 470 ff.

Die Unordnung des Milieus wird durch eine Temperatur T beschrieben. Eine große Unordnung ist mit einer hohen Temperatur verbunden. Die einzelnen Spins wimmeln und nutzen ihre Freiheit, sich einzustellen, wie es ihnen beliebt. Die Zahl der Systemzustände wächst mit zunehmender Temperatur. Spontane Gleichschaltung tritt ein, wenn die Temperatur fällt. Plötzlich erstarren alle Einstellungen in eine einzige Richtung. Ein Magnet ist entstanden. Auf die Gesellschaft übertragen kann man diesen Übergang als „revolutionär" interpretieren. Ein uniformes Verhalten definiert dann das Milieu.

Für die Betrachtung von Handlungsfeldern ist dieses Modell nicht brauchbar. Man muss zusätzlich eine andere Art von Wechselwirkung betrachten, die benachbarte Spins mit Einstellungen in entgegengesetzte Richtungen bevorzugt. Diese Wechselwirkung kann bei gewissen Geometrien des Handlungsraums zur Frustration führen. Im quadratischen Gitter kann die „antiferromagnetische" Wechselwirkung der nächsten Nachbarn (Abb. 5.1a) erfüllt werden, jeder Spin hat eine Ausrichtung, die dem Spin des Nachbarn entgegengesetzt ist. Im Dreiecksgitter hingegen wird diese Wechselwirkung bei jeder Einstellung des dritten Akteurs (?) immer zur Frustration (Abb. 5.1b) führen. Ein Spin-up des Dritten würde zwar in die

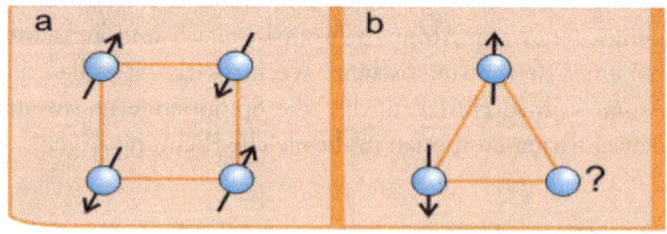

Abb. 5.1 Spinfrustration im antiferromagnetischen System für (a) Quadratgitter und (b) Dreiecksgitter

entgegengesetzte Richtung zum Spin-down des linken Nachbarn zeigen, aber durch die gleiche Richtung wie der Spin-up des obigen Nachbarn kein Minimum der Energie liefern und umgekehrt.

Ein realistisches Modell[14] für das Handlungsfeld ist eine Mischform von anti- und ferromagnetischen Kopplungen. Benachbarte Akteure können zufällig eine Wechselwirkung der einen oder anderen Art besitzen. So mag die Zugehörigkeit zur gleichen Gesellschaftsschicht eine attraktive Anziehung zwischen Akteuren bewirken, Konkurrenz in ähnlichen Berufen aber die Akteure trennen. In physikalischen Systemen spricht man bei einer Mischform der Wechselwirkungen von einem Spinglas. Der Begriff „Glas" für die zufällige magnetische Wechselwirkung ist in Analogie zu der zufälligen räumlichen Unordnung der Moleküle in Gläsern gewählt.

Spingläser setzen die Akteure vielen frustrierten Verbindungen zwischen nächsten Nachbarn aus. Sie besitzen aber unter einer gewissen Temperatur metastabile Energiezustände, die in spezifischen Anordnungen gefangen sind. Solche Systeme zeichnen sich durch eine vielgestaltige Organisation aus, die nicht stabil existiert. Theoretische Arbeiten von Giorgio Parisi zu diesem Gebiet der Komplexität wurden 2021 mit dem Nobelpreis ausgezeichnet. In der Referenz[15] beschreibt Parisi verschiedene Phänomene, die mit diesen frustrierten Systemen Ähnlichkeiten besitzen. Neuronale Netze können Gedächtnis erwerben, indem sie mithilfe der verschiedenen Energieminima Muster abspeichern. Klimazustände können lange gleichförmig herrschen, bevor sie in einen neuen Zustand kippen. Ein

---

[14] S. Galam, Sociophysics: A review of Galam models, arXiv:0803.1800v1 [physics.soc-ph] (2008).
[15] Giorgio Parisi, Nobel Lecture: Multiple equilibria, cond-mat > arXiv: 2304.00580.

gegebener Akteur erhält von den anderen Akteuren widersprüchliche Forderungen, die er nicht gleichzeitig erfüllen kann. Falls daneben auch Kooperationen zwischen den Akteuren existieren, stellt sich kein vollkommen stabiler Gleichgewichtszustand ein. Das System ist trotzdem so formbar, dass es nach jeder Neuordnung wieder eine gewisse Identität aufweist. Für das Nervensystem z. B. heißt das, dass man sich nach dem Aufwachen wieder als derselbe wie vor dem Schlafengehen erkennt. Die Existenz der metastabilen Zustände ist ein delikater Mechanismus, der zu Katastrophen führt, falls er seine komplexen Eigenschaften verliert.

Ein Handlungsfeld teilt mit diesem physikalischen System die Frustrationen, die ethische Entscheidungen erschweren. Den möglichen Konfigurationen des Feldes entsprechen widersprüchliche Alternativen zu handeln, und die Entwicklung des Felds kann bei jedweder Entscheidung negative Folgen haben.

Die Familienaufstellung ist ein Beispiel für ein solches Handlungsfeld, wo neben dem Entscheider auch der Partner, die Eltern, die Kinder und andere nähere Bezugspersonen vertreten sind. In ihr ergeben sich natürliche Pattsituationen. Durch die vorhergehende Generation wird die Vergangenheit, durch die Kinder die Zukunft in das Geschehen einbezogen und Frustrationen entstehen, weil man es nicht allen gleichzeitig recht machen kann.

Während bei familiären Problemen die Komplexität noch überschaubar ist, obwohl viele Personen das Handlungsfeld besetzen, ist bei politischen Entscheidungen eine riesige Anzahl von Personen betroffen. Die europäische Kommission muss sich bei den Abgasvorschriften für Personen Kraftwagen mit 350 Mio. Besitzern befassen. Dazu kommt in diesem Sektor noch eine umfangreiche Industrie mit 3 Mio. Beschäftigten. Die Kraftwagen verbrennen fossile Brennstoffe, welche die Luft verschmutzen und dadurch besonders Personen mit Atemwegserkrankungen leiden lassen. Ihr CO_2-Ausstoß verstärkt die Klimakatastrophe. Das Beispiel zeigt, wie große Handlungsfelder politische Entscheidungen erschweren.

Um diesen Herausforderungen zu genügen, gibt es verschiedene Methoden: Anstatt mit grundsätzlichen Entwürfen das System umzustürzen, sind angepasste Lösungen zu bevorzugen, die mit der rapiden technischen Entwicklung Schritt halten. Wenn man die Ähnlichkeit mit dem Spinglas ernst nimmt, muss man die polymorphe Gestalt des Feldes erhalten, indem man Gewichte und Gegengewichte stärkt. Dies ist besonders bei neuen Technologien wichtig, die tendenziell mit ungeheurer Wucht einförmiges Verhalten produzieren. Es ist besser, kleinere Unterbereiche zu regeln und versuchsweise den richtigen Weg zu finden. Risiken sind abzuschätzen und Ergebnisse müssen analysiert und eingearbeitet werden. Ob diese Methoden naturgemäß sind, ist fraglich. Die Natur macht zwar keine Sprünge, aber sie geht doch manchmal zu grausam vor, um als Vorbild für menschliches Entscheiden zu gelten.

6

Über die (Un-) Möglichkeit Handlungen zu empfehlen

6.1 Seneca und Sommerfeld

Auf meinem Schreibtisch liegt seit längerer Zeit das kleine Büchlein „De Vita Beata". Der Autor, Seneca wurde 4 v.Chr. in Südspanien geboren und war in Rom eine einflussreiche Persönlichkeit der frühen Kaiserzeit. Als Philosoph gehörte er der Stoa an, die die Kunst des Lebens und die Erforschung der Wahrheit propagierte. Er war der Erzieher und spätere Ratgeber des Kaisers Nero (37–68 n.Chr.). Seine Lehre, mit Milde und Maß zu handeln, wirkte sich am Anfang von Neros Regentschaft positiv aus. Die ersten fünf Jahre, das „quinquennium" (54–59) waren von diesen Prinzipien bestimmt und gelten als erfolgreiche Jahre, in denen Nero sich als fähiger und eigenständig handelnder Richter zeigte. Er fällte wohlüberlegte Urteile. Die stoischen Ideale, Vernunft, Kontrolle der Emotionen, Akzeptanz des Schicksals und Verantwortung schienen charakteristische Eigenschaften Neros zu sein.

Seneca selbst jedoch musste Angriffe gegen seinen Reichtum abwehren[1], weil er als Berater ein erhebliches Vermögen angehäuft hatte. In der obigen Schrift „Vom glücklichen Leben" schreibt er: „Höre also auf, dem Philosophen den Besitz des Geldes zu verbieten; noch Niemand hat die Weisheit zu Armut verdammt." Oder an anderer Stelle[2]: „Bei dem Weisen nämlich steht der Reichtum in Dienstbarkeit, bei dem Toren übt er die Herrschaft." Manche Historiker kritisieren, dass Seneca an seiner Macht festhalten wollte, obwohl er einsah, dass seine Rolle als Berater immer aussichtsloser wurde, weil Nero sich seinen Exzessen hingab.

Nero ließ seine Mutter (59) erdolchen, dann seine Tante vergiften, er brachte seine erste Frau wegen Ehebruchs um, trat seine zweite schwangere Frau in den Bauch, sodass sie starb. Im Jahre 68 n.Chr. begeht er Selbstmord, nicht ohne Seneca zur Selbsttötung (65) verurteilt zu haben.

Senecas geschriebene Dialoge reflektieren seine Ideen zur Lebensführung, empfehlen aber keine Handlungen. Der Glückliche lebe gelassen, er kümmere sich um andere, denke an sich selbst zuletzt. Warum ist er als Berater gescheitert? Nero war ein Populist, der sich den Wünschen des Volkes anpasste. Er hatte einen instabilen Charakter. Wenn Senecas Empfehlung Neros Freiheit beschränkt hätte zu entscheiden, so wie er wollte, dann hätte Nero sie nicht beachtet.

Jeder Student sieht sich am Anfang des Studiums einer Vielheit von Ideen und Möglichkeiten ausgesetzt, die mit dem Gebiet verbunden sind, dem er sich widmen will. In diesem Fall jedoch kann eine Studienempfehlung, wie man angesichts der unübersichtlichen Menge von

---

[1] Seneca, De Vita Beata, Bamberg und Wiesbaden, 1955, Kap. XXIII, S. 35.
[2] Ibidem Kap. XXVI, S. 39.

Informationen handeln soll, sehr willkommen sein. Werner Heisenberg beschreibt[3] seinen Studienbeginn in der Physik, als er zu Arnold Sommerfeld kam und um Hilfe bat. Er hatte kurz vorher „Raum-Zeit-Materie" von Hermann Weyl gelesen, und wollte die Rätsel der allgemeinen Relativitätstheorie ergründen. Sommerfeld erteilte ihm folgenden Rat: „Sie sind viel zu anspruchsvoll. Sie können doch nicht mit dem Schwierigsten anfangen und hoffen, dass Ihnen das Leichtere von selbst in den Schoß fällt. ... Sie müssen, auch wenn Sie Theorie treiben wollen, mit großer Sorgfalt kleine und Ihnen zunächst unwichtig erscheinende Aufgaben bearbeiten." Aus dieser Empfehlung entwickelte sich ein langwährendes Arbeitsverhältnis, und Heisenberg schrieb seine Promotion bei Sommerfeld. Man erkennt aus dem Bericht über dieses erste Treffen, wie die Güte und das Wohlwollen des älteren Mentors die Empfehlung begleitete und damit erfolgreich machte. Sommerfeld hat sich bei Heisenberg nach seinen Vorlieben erkundigt, um ihn besser kennen zu lernen. Eine Empfehlung ist nur dann sinnvoll, wenn sie zum Beratenen passt. Personen haben unterschiedliche Lebenserfahrungen, die ihre Überzeugungen geformt haben. Ohne deren Kenntnis und Rücksicht wird jeder Ratschlag abgelehnt werden.

Die Situation zwischen Ratgeber und Beratenen kann sehr stark variieren. Es macht einen großen Unterschied ob Lehrer und Student, Coach und Trainee oder Arzt und Patient zusammentreffen. Studium, Sport und Medizin, sowie Geschäft und Politik sind Handlungsfelder, in denen Beratung anders stattfindet. Oft ist eine langwährende gemeinsame Praxis notwendig, damit sich das Vertrauen einstellt, ohne welches keine Empfehlung angenommen wird. Hat der Berater die Handlungsmöglichkeiten

---

[3] Werner Heisenberg, Der Teil und das Ganze, München 1971, S. 31.

transparent dargestellt? Welche Konsequenzen ergeben sich, wenn man dem Ratschlag folgt? Hat der Berater eigene Interessen, die mit dem Rat in Konflikt treten können? Dies sind typische Fragen, die sich bei der Beratung stellen.

Politische Beratung im engeren Sinn ist darauf spezialisiert, Methoden und Strategien darzulegen, wie der Politiker seine Ziele am besten erreichen kann. Im weiteren Sinn sollte ein politischer Kommentator die Vor- und Nachteile der gesellschaftlich relevanten Handlungen herausarbeiten, indem er die Werte betont, die involviert sind.

Letztendlich wurzelt die Unmöglichkeit Empfehlungen zu erteilen in der Unkenntnis des Beraters, der nicht weiß, was für eine Person er selbst ist. Bei meinem Aufsatz zu den Formen des Handelns, musste ich öfter fragen, wie hätte ich unter den diskutierten Umständen gehandelt? Hätte ich selbst in einer ähnlichen Situation den falschen bequemen oder den richtigen beschwerlichen Weg gewählt? Es hat sich zwischen mir und dem Text ein Dialog entwickelt, der dem zwischen Ratgeber und Beratenen ähnelt. Der Text wird dies widerspiegeln, aber nicht offen zeigen. Seit dieser Erfahrung schätze ich Berater, die die richtigen Handlungen empfehlen, ohne sie jemanden aufzuerlegen.

6.2 Heidegger über Nietzsche

Im Oktober des Jahres 1941 plant Heidegger eine Vorlesung über Friedrich Nietzsche, die in seinen gesammelten Werken publiziert wurde.[4] Heidegger hat sich in

---

[4] Martin Heidegger, Gesamtausgabe, II. Abteilung Vorlesungen 1919–1944, Bd. 50; Nietzsches Metaphysik, S. 3–83.

zahlreichen Schriften zur Philosophie Nietzsches geäußert. Die obige Vorlesung zeigt, wie eine abstrakte, sachliche Darstellung Ratschläge zum Handeln an die Hörer erteilt. Für den Philosophen ging es hauptsächlich um eine Richtigstellung von Nietzsche, der nach seiner Ansicht im Nationalsozialismus falsch interpretiert wurde. Heidegger behauptet die Philosophie Nietzsches beruhe auf fünf Säulen: Der Wille zur Macht, der Nihilismus, die ewige Wiederkehr des Gleichen, der Übermensch und die Gerechtigkeit.

Der Wille zur Macht ist nach Heideggers Interpretation der Grund des Seins, welches das Seiende treibt. Macht ist darauf aus, noch mächtiger zu werden, Widerstände zu überwinden und zu expandieren. Der Wille zur Macht kann biologisch als Lebenskraft oder als Wachstum gedeutet werden. Er kann aber auch in anderen „Herrschaftsgebilden" wie Wissenschaft, Kunst, Politik und Religion sich festmachen. In der Person – psychologisch gedeutet – rechnet der Wille zur Macht mit Werten.[5] „Alle metaphysische Auseinandersetzung ist ein Entscheiden über Rangordnungen von Werten." Der gemeinte Zuhörer wird aufmerksam, wenn Nietzsches Nihilismus die Bühne betritt. Nichts von den bisherigen Wertschätzungen soll mehr gelten, alles Seiende muss im Ganzen anders auf andere Bedingungen gesetzt werden. „Ein Zwischenzustand entsteht, …. in dem die geschichtlichen Völker der Erde ihren Untergang oder Neubeginn entscheiden müssen."[6] Sie müssen die Frage beantworten, welchen Wert hat das Ganze des Seienden. Der Nihilismus sei aber etwas Bejahendes, was Nietzsche mit dem Begriff „der ewigen Wiederkunft des Gleichen" symbolisiert. Wenn ein Ehepaar

---

[5] M. Heidegger, Vorlesungen ibidem S. 20.
[6] Ibidem S. 25.

nach langem Zusammensein auf das gemeinsame Leben zurückblickt, erlebt es das Gleiche wieder neu. Die Wiederkehr bedeute das „Immerwiederbringen in den Bestand, d. h. Beständigung."[7] „Jeder Mensch, der mit dem Willen zur Macht lebt und im Ganzen ewige Wiederkunft des Gleichen ist, heisst der Übermensch."[8] Wir erleben gegenwärtig eine Neuauflage dieser Idee unter dem Schlagwort Transhumanismus. Die Verkünder dieses Erlösungsmythos glauben, dass die Technik einen unsterblichen Menschen mit unendlicher Intelligenz hervorbringen wird. Das Gehirn des Menschen wird direkt mit dem Internet verbunden sein und dadurch Zugang zu einer riesigen Menge an Informationen haben. Heidegger sieht einen anderen Typ darin, einen Menschen dessen Supersubjektivität einen unbedingten Willen erzeugt. „Nur wo die unbedingte Subjektivität des Willens zur Macht zur Wahrheit des Seienden im Ganzen wird, ist das Prinzip der Einrichtung einer Rassenzüchtung … möglich."[9] Heidegger zitiert Nietzsches Idee des großen Stils.[10] „Er bestimmt den klassischen Geschmack, zu dem ein Quantum Kälte, Luzidität, Härte hinzugehört. Logik vor allem, Glück in der Geistigkeit, drei Einheiten, Konzentration, Haß gegen Gefühl, Gemüt, esprit …" Der Übermensch besitzt eine neue Freiheit, die eine neue Gerechtigkeit erfordert. Sie baut in die Höhe, aus der allein befohlen werden kann, sie ist verachtend und „zerstört was als Verfestigung und Niederziehendes das bauende in die Höhe gehen verhindert… Gerechtigkeit sieht hinaus

---

[7] Ibidem S. 35.
[8] Ibidem S. 40.
[9] Ibidem S. 56.
[10] Ibidem S. 57.

6 Über die (Un-) Möglichkeit Handlungen ...

auf dasjenige Menschentum, das...... gezüchtet werden soll, ... die unbedingte Herrschaft über die Erde einzurichten, denn nur durch diese käme der Wille zur Macht zur Geltung."[11] Im 6. Kapitel schließt Heidegger:[12] „Die Frage bleibt, welche Völker und Menschentümer endgültig und vorausgehend unter dem Gesetz der Zugehörigkeit in diesem Grundzug der beginnenden erdherrschaftlichen Geschichte stehen. ...Die philosophischen Grundlehren meinen das Wesen der sich vollendenden Metaphysik, die ihrem Grundzug nach sie (die abendländische Geschichte) zur Weltherrschaft bestimmt."

Im Dezember 1941 kommt der rasche Eroberungsfeldzug der deutschen Wehrmacht in der Schlacht um Moskau zum Stillstand. Die geplante Vorlesung „Nietzsches Metaphysik" wurde zwar angekündigt aber nie gehalten. Heidegger las stattdessen über Hölderlin. Er selbst hat angegeben, dass er schon 1938 mit dem Nationalsozialismus gebrochen hätte. 1942 ist er aus der Gruppe der Herausgeber der Nietzsche Ausgabe ausgetreten. Er sagt 1949 in der Schrift über den Humanismus: „Wenn das Denken die Wahrheit des Seins bedenkend, das Wesen der Humanitas als Ek-sistenz aus deren Zugehörigkeit zum Sein bestimmt, ...lassen sich (dann) aus solcher Erkenntnis zugleich Anweisungen für das tätige Leben entnehmen und diesem an die Hand geben?"[13]

---

[11] Ibidem S. 70.
[12] Ibidem S. 80–81.
[13] Martin Heidegger, Über den Humanismus, Frankfurt am Main, 1981, S. 48.

7
Die Rolle der Wissenschaft

7.1 Die Forschung[1] in der Verantwortung

Max Weber beginnt seinen Aufsatz zum Thema „Wissenschaft als Beruf" mit dem Hinweis, dass nur uneingeschränkte Hingabe und harte Arbeit Erfolg in der Wissenschaft hervorbringen. Dies geht Hand in Hand mit einer Spezialisierung der Wissenschaftlerin auf die Probleme, die sie als speziell wichtig für sich entdeckt hat. Seine Rede[2] gipfelt in dem vielzitierten Spruch: „Persönlichkeit hat nur der, der rein der Sache dient." Die Verantwortlichkeit der Wissenschaftlerin besteht also in erster Linie darin,

---

[1] Ich habe im Buch meistens das generische Maskulinum verwendet, in diesem Kapitel benutze ich die weibliche Form, stellvertretend für eine schwer lesbare gendergerechte Sprache im ganzen Text.
[2] Max Weber, Wissenschaft als Beruf, Stuttgart 1995, S. 15.

ihre Arbeit mit Wahrhaftigkeit zu machen, d. h. das Experiment richtig zu dokumentieren, die Quellen sorgfältig zu erforschen und die Ideen genau zu erklären. Selbstverständlich soll die ehrliche Wissenschaftlerin andere korrekt zitieren und nur eigene Arbeiten mit ihrem Namen publizieren. Diese sind die minimalen Tugenden des wissenschaftlichen Arbeitens. Wenn man feststellt, dass die Spezialisierung des Fachgebiets eine solche Perfektion erreicht hat, dass sie nicht mehr mithalten kann, sollte sie an jüngere Wissenschaftlerinnen übergeben, die mit neuen Kräften die Arbeiten fortsetzen. Nichts kann mehr enttäuschen als die Kommentare von älteren Mitgliedern der Fakultät, die die Zeichen der Zeit nicht erkannt haben. Selbst diejenigen, die sich allgemeineren Themen zuwenden, und meinen, von ihren Erfahrungen zu profitieren, müssen zugeben, dass sie nur Lernende sind und deshalb nur Anregungen für weiteres Nachdenken geben.

Verantwortung ist eine dreistellige Relation: X ist verantwortlich gegenüber Y für Z. Im obigen Fall ist die Konkretisierung einfach. Die Wissenschaftlerin (X) ist gegenüber der Gemeinschaft der Wissenschaftlerinnen (Y) verantwortlich für ihre wissenschaftlichen Ergebnisse (Z). Das minimale Ethos der Wissenschaftlerin wird aber darüber hinaus wegen des hohen Werts herausgefordert, den die Gesellschaft den technischen Innovationen und Entwicklungen verleiht. Gegenüber den falschen Propheten, die Fake News verbreiten, ist es die Aufgabe der Wissenschaftlerin, für Klarheit zu sorgen, d. h. den wissenschaftlichen Kenntnisstand so zu erklären, dass ihn jeder Mann und jede Frau versteht. Um die Zukunft vernünftig zu gestalten, müssen die Mitglieder der Gesellschaft die Ausgangsbasis des Wissens kennen, nämlich inwieweit Naturgesetze unsere Möglichkeiten einschränken und erweitern.

7 Die Rolle der Wissenschaft   111

Am Ende muss sich die Wissenschaftlerin der Frage stellen: Was leistet ihre Wissenschaft für die Gesellschaft? Ich glaube, es besteht kein Zweifel, dass die Naturwissenschaften und die mit ihnen verwandten Technologien einen großen Beitrag zum Funktionieren moderner Gesellschaften liefern. Dadurch hat sich im Vergleich zum früheren wissenschaftlichen Betrieb der Verantwortungsbereich erweitert. Er betrifft die Anwendung der gewonnenen Kenntnisse zum Wohl der Menschen. Die Ambiguität der Technik und Wissenschaft zeigt sich in diesem größeren Rahmen viel deutlicher. Hunger und Krankheiten sind durch die Medizin wirksam bekämpft worden. Die militärischen Auseinandersetzungen und die globalen Katastrophen zeigen andererseits auch die Schattenseiten der schnellen technischen Entwicklung. Wie kann aber jemand Verantwortung ausüben, obwohl er die Handlungsmacht nicht besitzt, die bei Politikern und Wirtschaftsführern liegt? Welche Instanz kann diese Verantwortung einklagen? Ich sehe als einzige Möglichkeit, dass das Subjekt sich selbst als verantwortlich seinem eigenen Gewissen gegenüber konstituiert.

Jürgen Mittelstraß hat die Begriffe „Verfügungswissen" und „Orientierungswissen" geprägt,[3] um zwei verschiedene Ergebnisse wissenschaftlichen Arbeitens zu benennen. Die primäre Aufgabe der Naturwissenschaftlerin ist es, korrekte Ergebnisse zu liefern, um die Ursachen und Wirkungen zu verstehen, mit denen Naturprozesse ablaufen. Die Gesellschaft kann dann über dieses Wissen

---

[3] Jürgen Mittelstraß, Die Leonardo Welt, Über Wissenschaft, Forschung und Verantwortung, Frankfurt/M 1996.

verfügen und die Mittel wählen, ihre Welt zu gestalten. So werden Landwirtschaft, Gesundheit und Energieversorgung immer mehr nach wissenschaftlichen Gesichtspunkten geformt. Verfügen bedeutet aber auch beherrschen. Jürgen Habermas kritisiert den Mangel an Orientierungswissen beim Handeln[4]: „Eine Theorie hingegen, die Handeln mit Verfügen verwechselt, … begreift Gesellschaft als einen Konnex von Verhaltensweisen, in dem Rationalität einzig durch den Verstand sozialtechnischer Steuerung, nicht aber durch ein kohärentes Gesamtbewusstsein vermittelt ist." Er spricht damit den Grenzbereich von Wissenschaft und Politik an, in dem das Verfügungswissen in Orientierungswissen übergeht.

Während die Hauptfrage des Verfügens ist: „Was kann ich machen?", stellt das Orientierungswissen die Frage „Was soll ich machen?" Orientierung nimmt die Ziele und Zwecke des Handelns in den Fokus. Sie ist also ein Versuch, das Ganze im Blick zu haben, also ein Gesamtbewusstsein zu entwickeln. Es wäre leicht, diese Aufgabe allein den Geistes- und Sozialwissenschaften aufzubürden. Ebenso wenig kann die Trennung in Gesetzmäßigkeiten und Wertekanons die Aufgabe ausreichend konkretisieren, obwohl sie die verschiedenen Aspekte des Phänomens erläutert. Das Orientierungswissen sollte dem Handeln Grenzen zeigen und ethische Hilfslinien aufzeichnen, um den chaotischen Fortschritt zu zähmen.

Als Student in den Vereinigten Staaten war ich Mitglied einer kleinen Gruppe „Science for the People" (SftP) an der Universität. Die Physikstudierenden aus verschiedenen Ländern und jüngere Fakultätsmitglieder trafen sich

---

[4] Jürgen Habermas Theorie und Praxis, Neuwied, 1967, S. 233.

alle vier Wochen, um aktuelle Fragen zu diskutieren. Es war der grausame Vietnamkrieg, der uns antrieb, militärische Forschung zu diskriminieren und die Investitionen des DOD (Department of Defense) in der Universität offen zu legen. Im Gegenzug forderten wir, dass mehr Forschungsgelder zum allgemeinen Nutzen der Gesellschaft ausgegeben werden sollten. Unsere konkreten Projekte blieben vage, ebenso unsere Prinzipien: Wissenschaftliche Projekte sollten:

- nicht den Krieg und die militärische Hochrüstung unterstützen,
- nicht die Gewinne der Großkonzerne erhöhen,
- sondern die Lebensbedingungen der arbeitenden Bevölkerung, der Farbigen und Frauen verbessern. Insbesondere sollten mehr Positionen für Schwarze und Frauen in der Wissenschaft angeboten werden.
- Wissenschaft sollte größere Aufmerksamkeit dem Schutz von Natur und Umwelt widmen.

Es war neu, dass diese der Linken entlehnten Thesen Unterstützung von jungen Forschenden fanden, die ihre berufliche Arbeit in einen politischen Zusammenhang stellten. Die Gruppe SftP in den USA ist wegen ihrer unkonventionellen und teilweise störenden Auftritte[5] bei Treffen der American Association of Science bekannt geworden. Sie kritisierte etablierte Physiker, die einen elektronischen Zaun zwischen dem Norden und dem Süden Vietnams vorschlugen.

---

[5] Kelly Moore, „Disrupting Science: Social Movements, American Scientists and Politics of the Military 1945–1975, Princeton University Press, p. 158–189."

Doch seit den Zeiten des Vietnamkriegs hat sich die Welt verändert. Sie ist immer noch von Krieg und militärischen Auseinandersetzungen geprägt. Die Vereinigten Staaten,[6] Russland[7] und weniger entwickelte Länder[8] waren in mehrere Kriege verwickelt. Die weltweiten Ausgaben für militärische Zwecke haben sich seit 2000 verdoppelt, im Jahr 2022 z. B. wurden 2000 Mrd. Dollar für Waffen und Armeen ausgegeben.

Die deutsche Politik spricht von einer Zeitenwende seit dem russischen Angriffskrieg in der Ukraine. Inzwischen haben die USA und die NATO-Länder das angegriffene Land großzügig mit Waffenlieferungen unterstützt, wobei die defensive Abwehr gegen Raketenangriffe und Panzerattacken erfolgreicher war als hochentwickelte Panzer, deren Lieferung zu ausführlichen Diskussionen geführt hatten. In diesem Umfeld hat eine Expertenkommission für Forschung und Innovation (EFI) gefordert,[9] die militärische und zivile Forschung zu verbinden. Dies ermögliche sogenannte „Spill-Over"-Effekte und sei in vielen Ländern üblich. Die Initiative wurde vom Ministerium für Bildung und Forschung unterstützt.[10]

Ein gültiges Argument für diesen Standpunkt ist, dass Forschende an rein militärischen Einrichtungen die

---

[6] 1. Golf Krieg (1980–1988), 2. Golf Krieg (1990–1991), Afghanistan (2001–2021), Irak (2003–2011), Syrien und Irak (2014–).

[7] Afghanistan (1979–1989), Tschetschenien (1994–2009), Georgien (2008), Ukraine (2014), Syrien (2015–), Ukraine (2022–).

[8] Angola (1975–2002), Mosambik (1977–1992), Ruanda (1990–1994), Kongo (1996–), Darfur/Sudan (2003–), Berg-Karabach (2020, 2023).

[9] https://www.forschung-und-lehre.de/politik/efi-empfiehlt-dual-use-ki-forschung-zu-staerken-6280.

[10] https://www.bmbf.de/SharedDocs/Downloads/de/2024/positionspapier-forschungssicherheit.pdf.

Ergebnisse der Grundlagenforschung verpassen könnten, wenn sie nicht mit Kollegen darüber sprechen. Zivile Forscher helfen auch, irreale militärische Ziele in einem frühen Stadium zu korrigieren. So ist es z. B. mit der Strategic Defense Initiative (SDI)[11] passiert, die unter anderen von dem Physiknobelpreisträger Hans Bethe verurteilt wurde. Andererseits muss es kein Nachteil sein, wenn der Informationsaustausch verzögert stattfindet, weil dadurch ethische Fragen separat in den jeweiligen Milieus diskutiert werden können. Die allgemeine Diskussion anlässlich der Invasion in der Ukraine neigt dazu, jedes militärische Engagement positiv zu bewerten, den Vorstoß die gemischte (dual-use) Forschung zu unterstützen, rechne ich dazu.

Unsere studentischen Aktivitäten damals wurden von unseren Lehrern kritisiert, die hervorhoben, wie wichtig unser Studium und die wissenschaftliche Arbeit per se seien. Ihre klare Rechtfertigung der wissenschaftlichen Arbeit bedeutete uns viel. Sie motivierte uns, die formale Ausbildung nicht zu vernachlässigen. Wir trafen aber auch Wissenschaftlerinnen, die sich aus Enttäuschung über die Irrwege der Physik und Mathematik von ihr abwandten und sich anderen, z. B. ökologischen oder biologischen Problemen zuwandten. Es hat schon damals eine Vielfalt von Projekten gegeben,[12] die sich dem Gemeinwohl verpflichtet sahen. Dazu zählen Projekte,

---

[11] The Fletcher Forum, Vol. 10, No. 1, Winter 1986, The technology of strategic defense- where we stand and how far we can go: An interview with Prof. Hans Bethe.
[12] Brian Martin, Strategies for alternative science, Published in Scott Frickel and Kelly Moore (eds.), *The New Political Sociology of Science: Institutions, Networks, and Power* (Madison, WI: University of Wisconsin Press, 2006), pp. 272–298.

(i) die Regierungen zum Wohl der Gesellschaft konzipieren. In kontrollierten, sicheren und stimulierenden Arbeitsverhältnissen können nützliche Güter produziert werden. John D. Bernal[13] hat Wissenschaft in solch einer idealen sozialen Gesellschaft beschrieben. Während der Zeit meiner Arbeit an einem französischen Kernforschungszentrum traf ich viele Kollegen, die einer ähnlichen Vision anhingen.

(ii) die Individuen oder Gruppen in direktem Kontakt mit Bürgerbewegungen formulieren. Die Verschiedenartigkeit der Belange garantiert einen Interessenausgleich, und die Kenntnisse der Experten kanalisieren Impulse, sodass diese realistisch umsetzbar werden. Beispiele für eine derartige Zusammenarbeit finden sich in der jüngeren deutschen Politik. Seit der Gründung der grünen Partei, die sich für Umweltbelange einsetzt, haben sich alle Parteien dieses Themas angenommen.

(iii) die Laien in Zusammenarbeit mit Wissenschaftlerinnen durchführen. In diesen Projekten legen die Bürger selbst Hand an, beteiligen sich an der Datensammlung, Auswertung und Interpretation. Diese Art von Wissenschaft beginnt in den Schulen, setzt sich fort in der technischen Fortbildung und kann zu einem strukturellen Wandel der wissenschaftlichen Arbeit führen. Diese Arbeitsweise hat durch das Internet einen großen Aufschwung erlebt (Crowd Science).

---

[13] John D. Bernal, https://www.marxists.org/archive/bernal/works/1930s/socialscience.htm „The Social Function of Science "(1938).

7 Die Rolle der Wissenschaft

(iv) die Bürger lokal initiieren und sich mit globalen Forderungen der Weltgesellschaft auseinandersetzen. Diskussionen über die lokale Energiewirtschaft und die Umstellung auf erneuerbare Energien haben Aspekte dieser Vision verwirklicht.

Charakteristisch für diese wissenschaftlichen Projekte ist der Anspruch an die Wissenschaftlerin, Gutes für die Gemeinschaft zu tun. Die individuelle Wissenschaftlerin ist Teil einer Gruppe, die in die Universität, in ein Forschungsinstitut oder in ein Unternehmen integriert ist. Sie handelt also nicht nur als Individuum, sondern auch als Teil eines Kollektivs.

Es ist sicher nicht sinnvoll, deshalb eine Ethik für Wissenschaftler zu definieren. Ethik umfasst allgemeine Grundsätze, die für alle gelten müssen. Es ist aber überlegenswert, ob es nicht ein Berufsethos der Wissenschaftlerin gibt, das sich ähnlich dem Hippokratischen Eid für Mediziner formulieren lässt, der in der Genfer Deklaration[14] eine moderne Version gefunden hat.

Andererseits steht nichts einer Bürgerethik entgegen, die sich verpflichtet, sorgsam mit der Produktion und den Produkten technologischer Innovationen umzugehen. Unsere damaligen Diskussionen in der Gruppe haben mir gezeigt, dass die Entscheidung, wie man Wissenschaft betreibt, von jeder Wissenschaftlerin selbst getroffen werden muss und dass das Engagement in der täglichen Arbeit sie nicht von der Pflicht entbindet, darüber nachzudenken, ob sie das Richtige tut.

---

[14] Deklaration von Genf, Im Internet: https://www.bundesaerztekammer.de/fileadmin/user_upload/_old-files/downloads/pdf-Ordner/International/bundersaaerztekammer_deklaration_von_genf_04.pdf.

7.2 Technikfolgenabschätzung und Technomoral

Die technologischen Herausforderungen des 21. Jahrhunderts werden wahrscheinlich jene Probleme übersteigen, die uns seit dem Ende des zweiten Weltkriegs bis jetzt beschäftigt haben. Wir haben uns an die nukleare Hochrüstung, die Verschwendung von natürlichen Ressourcen, die Gentechnik und die Gefahren der Biotechnologie gewöhnt. Neue digitale Techniken in der Robotik, die künstliche Intelligenz, ein hochentwickelter Finanzsektor, die Verbesserung des Menschen mit dem Ziel des Transhumanismus und die Klimakrise jedoch sind Teile eines Verfügungswissens, die nach einer aktuell angemessenen Orientierung suchen. Moderne Technologien wie die der Computerindustrie entwickeln sich nicht nur schnell, sondern sind auch schwer vorauszusehen. Shannon Vallor spricht von einer akuten technosozialen Undurchsichtigkeit („acute technosocial opacity"), die die technische Entwicklung charakterisiert.

Diese Behauptung kann anhand des Delphi-Berichts der Bundesregierung von 1995[15] nachgeprüft werden, der Vorhersagen zu den wichtigsten Technologien des 21. Jahrhunderts machte. Das Delphi-Verfahren umfasst eine mehrstufige Expertenbefragung, deren Spannweite sich mit der Diskussion einengt, sodass sich nur die überzeugendsten Argumente durchsetzen. In diesem Dokument werden als wichtige Arbeitsgebiete der Zukunft die Photovoltaik und die Supraleitung, kognitive Systeme und künstliche Intelligenz, Krebs- und Hirnforschung, Recycling und Klimaforschung genannt. Fragt man,

---

[15] https://www.osti.gov/etdeweb/servlets/purl/423608.

welche Art von gutem Leben die Leute anstreben, so zählt der Regierungsbericht[16] folgende Eigenschaften auf: Gesundheit, Bildung, Arbeitsplatz, Freizeit und sicheres Einkommen. Diese Ziele sind nicht so verschieden von den Entwicklungszielen, die in dem Katalog von Martha Nussbaum[17] erwähnt werden.

Wenn man die Prognose mit der Wirklichkeit im Jahr 2023 vergleicht, findet man, dass sich die Vorhersage bis jetzt nicht als falsch erwiesen hat. Die erneuerbaren Energien in der Bundesrepublik leisten dank Photovoltaik und Windenergie einen Beitrag von 40 % zur Stromerzeugung, wobei der Wind mehr als doppelt so viel Energie beiträgt wie die Sonne. Obwohl die Hochtemperatursupraleitung (100 K = −173 °C) schon 1986 entdeckt wurde, ist sie noch immer nicht vollständig theoretisch verstanden. Protonen im LHC-Beschleuniger werden zwar von supraleitenden Magneten auf der Bahn gehalten, dies geschieht aber bei tiefen Temperaturen (1.9 K = −271,3 °C). Wegen der Sprödigkeit der Materialien ist die Hochtemperatursupraleitung nur schwer anzuwenden. Die künstliche Intelligenz bietet neuartige Algorithmen, sodass man mit dem Computer eine Unterhaltung führen kann. Sie beruht auf der billigen Herstellung von Prozessoren, die in aufwendigen Lernprozessen im Internet trainiert werden. Krebsheilung hat viele Erfolge erzielt, ebenso die Hirnforschung. Die Klimaproblematik ist besser erforscht, die Realisierung einer zielgerichteten Klimapolitik ist jedoch nur schwach vorangekommen, obwohl ihre Bedeutung besser wahrgenommen wird. Nur der Aufschwung des World

---

[16] https://www.gut-leben-in-deutschland.de/index.html.

[17] Martha Nussbaum, Human Rights and Human Capabilities, https://wtf.tw/ref/nussbaum.pdf.

Wide Web wird in der Studie nicht erwähnt. Da ansonsten die Vorhersage recht zutreffend ist, unterstützt sie das Argument, dass eine zielgerichtete Abschätzung von Techniken und ihren Folgen möglich ist. Dies scheint der Hypothese von Shannon Vallor über die Undurchsichtigkeit der Hochtechnologie zu widersprechen.

Herbert Paschen, der Gründer des Instituts für Technikfolgenabschätzung und Systemanalyse am Forschungszentrum Karlsruhe hat einen Bericht[18] über die Arbeit dieses Gebiets geschrieben. Technikfolgenabschätzung untersucht neue Technologien, um ihre Potenziale zu erkennen und frühzeitig vor etwaigen negativen Folgen zu warnen. Im englischen Sprachraum nennt sich das entsprechende Gebiet „Science and Technology Studies" (STS). Die Aufgabe der Technikforschung und STS ist es, neue Techniken im Zusammenhang mit gesellschaftlichen Problemen, Bedürfnissen und Erwartungen zu diskutieren. Um Entscheidungen bei der Entwicklung neuer Projekte zu erleichtern, sollen sich interessierte Gruppen und betroffene Einzelpersonen an den Untersuchungen beteiligen. Die Wertvorstellungen jeder Studie müssen transparent dargestellt werden. Obwohl die modernen Gesellschaften sehr auf mehr Informationen zu modernen Technologien angewiesen sind, wie sich in tagespolitischen Fragen zeigt, hatte Paschen Schwierigkeiten, Hilfe für seine Arbeit zu finden, als er die Technikfolgenabschätzung im Bundestag vorstellte. Es bestehe jedoch ein Konsens bezüglich der langfristigen Ziele dieses Gebiets in der Bundesrepublik.

Shannon Vallor[19] will keine Prognosen machen. Sie verfolgt einen anderen Ansatz, indem sie von unseren

---

[18] https://www.itas.kit.edu/pub/v/1999/pasc99a.pdf.
[19] Shannon Vallor, Technology and the Virtues, Oxford Scholarship Online, 2016.

Gewohnheiten und Wünschen ausgeht, die wir mit den neuen Technologien verwirklichen wollen. Technomoral in ihrem Sinn basiert auf Tugenden, die wir erwerben müssen, um sinnvoll mit unserem Verfügungswissen umzugehen. Weil die technische Entwicklung sprunghaft und undurchsichtig sei, lehnt sie rein utilitaristische Entscheidungen ab. Was heute nützlich erscheine, ist vielleicht schädlich in 10 Jahren. Auch könne die Berufung auf ein ethisches Konzept von Pflichten und Maximen nicht mit der Entstehung unserer technischen Welt mithalten, da diese sich zu schnell ändert. Deshalb versucht sie, mit Aristotelischer Tugendethik ein grundlegendes Handeln zu propagieren, das man einüben muss, um auf zukünftige Konstellationen komplexer technischer Systeme vorbereitet zu sein. Handlungen werden weniger durch Lehrbuchwissen bestimmt als durch moralische Vorbilder, die einzelne Tugenden praktizieren. Ihr Katalog umfasst ein Dutzend Tugenden wie Ehrlichkeit, Selbstkontrolle, Demut, Gerechtigkeit, Mut, Empathie, Sorge für andere, Kommunikation, Flexibilität, moralische Perspektive und Großzügigkeit. Ein Teil dieser Tugenden stimmt mit dem bekannten Kanon überein, einige präsentieren sich im Kontext moderner Technologien neu.

Flexibilität wird im modernen Berufsleben hochgeschätzt. Man soll den Arbeitsort wechseln, sich an neue Routinen anpassen und sich Eigenschaften aneignen, die das Funktionieren der Arbeitswelt erleichtern. Die technische Umgebung ändert sich schnell, sodass man dauernd neue Fähigkeiten erlernen muss. Frustrierende, unvorhergesehene Nebeneffekte angesichts einer Technik, die nicht das tut, was man gerne möchte, erfordern Geduld, die zu einer Tugend wird. Da man oft nicht unterscheiden kann, ob die Technik oder Mitarbeiter diese Probleme verursacht haben, ist es besser, sie erst genauer zu studieren. Wer dann mit Empathie den Mitmenschen in nächster

Umgebung, d. h. am Arbeitsplatz oder der Nachbarschaft begegnet, vergrößert den Kreis seiner „Freunde" und macht das Zusammenleben angenehmer. Diese Art der Empathie ist konkret und unterscheidet sich von den Gefühlen für Menschen in fernen Ländern, die auch nützlich sein können, aber oft mehr das eigene schlechte Gewissen überdecken.

Die Bedeutung von Selbstkontrolle, Ehrlichkeit und moralischer Perspektive zeigt sich vergrößert in dem elektronischen Spiegelkabinett der sozialen Medien. Eine kurz vor Mitternacht unüberlegt geschriebene E-Mail kann großes Unheil anrichten. Im Umgang mit den neuen Medien ist Vorsicht geboten. Das virtuelle Zusammensein erleichtert die Kommunikation und hat den Vorteil, dass man es reibungslos beenden kann. Es hat aber den Nachteil, dass man anderen nicht direkt helfen kann – außer mit nützlichen Informationen. Die Anwesenheit in Konferenzen wird unnötig und von Zoom-Treffen abgelöst, die sicher auch in der Zukunft relevant bleiben werden. Viele der Vorschläge von Shannon Vallor sind praktisch und einleuchtend.

Sie ist bemüht, diese Tugenden global im Zusammenhang mit buddhistischen und chinesischen Tugendlehren zu sehen. Technomoralische Weisheit zeichne nach Vallor eine Persönlichkeit aus, die ihre eigene Perspektive betont aber nicht ungefragt auf andere Personen überträgt. Da sie ihren Charakter geschult hat, kann sie unabhängig von externen Manipulationen in der Gesellschaft entscheiden und wird dadurch zu einem Vorbild. Gibt es solche Persönlichkeiten?

Die zurzeit bekanntesten Vertreter technischer Innovationen und ihrer Vermarktung sind die Unternehmer Elon Musk, Bill Gates und Eric Schmidt. Sind diese Technokapitalisten Vorbilder im Sinne von Shannon Vallors Tugendkatalog? Sicher haben sie viel Macht angehäuft und tragen auch ebenso viel Verantwortung. Musk ist mit drei

Projekten auf die erste Seite der Zeitungen gekommen: Die Herstellung des Elektroautos Tesla, wiederverwendbare Raketen Space X und das Satellitensystem Star Link, das Zugang zum Internet ohne WLAN-Anschluss bietet. Bill Gates hat sich nach der weltumspannenden Einführung des Microsoft Betriebssystems Windows schon lange der Philanthropie zugewandt, ebenso wie der Gründer von Google – jetzt Alphabet – Eric Schmidt. Es bereitet trotzdem Sorge, wenn einzelne Personen ohne demokratische Legitimation Entscheidungen treffen können, die für die ganze Gesellschaft sehr wichtig sind. Musk hat für 40 Mrd. Dollar das soziale Internetmedium Twitter erworben, das er jetzt nach Gutdünken gestaltet. Er hat mit dem Satellitennetzwerk Star Link anscheinend die Kommunikation in der Ukraine während des Krieges erleichtert. Während des Prozesses über die Twitter Übernahme sind E-Mails zwischen Musk und Kollegen veröffentlicht worden,[20] die zeigen, dass bei der Übernahme von Twitter nicht besonders verantwortlich gehandelt wurde.

Der Economist[21] relativiert die Forderungen an Führungspersonen der Wirtschaft. Wettbewerb sei der Motor der Innovation und des Erfolgs. Stolz könne motivieren, die Leistung zu steigern. Ebenso sei Gier eine positive Eigenschaft, die in der Wirtschaft nicht auszuschließen ist. Geduld mag eine Tugend sein, aber sie zeichne für eine Person in leitender Position nicht das beste Handeln aus.

Ist die Technomoral bei Wissenschaftlern besser ausgeprägt? Die Ideale der Wissenschaftler mögen über dem Materialismus von Managern stehen, aber das Verhalten

---

[20] The Atlantic: https://www.theatlantic.com/technology/archive/2022/09/elon-musk-texts-twitter-trial-jack-dorsey/671619/.
[21] Economist, Bartleby, The grip of vice, October 1st, 2022.

von Wissenschaftlern ist nicht ganz frei von ähnlichen Motivationen. Wissenschaftler leiten ihre größeren Arbeitsgruppen oft selbstherrlich. Hans Mohr zeichnet in seinem Aufsatz[22] „Einführung in (natur)wissenschaftliches Denken" ein nach seiner Ansicht realistisches Bild des Wissenschaftlers. „Wir müssen uns von der Illusion verabschieden, dass der Naturwissenschaftler in seinem ganzen Verhalten, in seinem individuellen Leben ein Super-Mensch sein muss." Mohr glaubt, dass Wissenschaftler sehr wohl eigensüchtig und ehrgeizig sein können, wenn es um ihre Karriere geht. Sie müssen dem wissenschaftlichen Ethos der Wahrhaftigkeit genügen, aber nicht „gute Menschen" sein. Ethische Urteile des Wissenschaftlers müssen kohärent sein, logisch konsistent und das einschlägige Fachwissen respektieren. Er würde der Autorin Vallor darin zustimmen, dass wissenschaftliche Entdeckungen in ihren Folgen nicht vorhersehbar sind. Deshalb entpflichtet er den Forscher von der zukünftigen Verantwortung für seine Forschung. Die Atombombe als Folge der Kernspaltung kann nicht Otto Hahn angelastet werden.

Shannon Vallor[23] endet in Gegensatz zu den obigen Realisten mit Optimismus: „Für Menschen ist nichts in Stein gemeißelt, doch in überraschender Ironie hängen solche Menschen, welche die technosozialen Innovationen am meisten begrüßen, dem falschen Glauben an, dass gegenwärtige Muster der moralischen, ökonomischen und politischen Praxis permanente Eigenschaften sind, und nicht änderbare kulturelle Gewohnheiten, die sie in Wirklichkeit sind, und die auf eine lange Geschichte der Anpassung an wandelnde soziale Bedingungen zurückgehen."

---

[22] Hans Mohr, Einführung in (natur-)wissenschaftliches Denken, Heidelberg, 2008, S. 55 ff.
[23] Shannon Vallor, Technology and the Virtues, Oxford, 2016, p. 254.

7.3 Das Ich und der Andere

Ich habe im Kap. 3 versucht zu zeigen, dass Wissenschaft in einem sozialen Zusammenhang stattfindet und man deswegen wissenschaftliche Arbeit als „Handeln" bezeichnen kann. Hier möchte ich auf die Eigenschaften des Handelnden ausführlicher eingehen und zeigen, wie sie das Handeln verändern. Obwohl Entscheidungen vernünftiges Denken voraussetzen, können Gefühle das Handeln beeinflussen. Die Kombination beider motiviert zum Handeln. Wenn jemand sich nach längeren Überlegungen entscheidet, das Richtige und Gute zu tun, dann wird sie ihren Willen mit ihrer ganzen Persönlichkeit in die Tat umsetzen. In diesem Zusammenhang ist der Begriff der Würde der Person als ein Wesensmerkmal des Menschen geprägt worden. Dem Begriff „Würde" liegt die Vorstellung eines Menschen zu Grunde, der selbstbestimmt und autonom sein Leben führt. Die Würde kann nicht gegen andere Werte oder die Würde Anderer verrechnet werden.

In den 1960er-Jahren wurde der innen geleitete Mensch als Vorbild gegenüber dem Massenmenschen gelobt, der nur gesellschaftlichen Vorgaben folgt. In den letzten zwanzig Jahren sind politische Bewegungen entstanden, die sich um den Begriff der Identität gruppieren. Die Massengesellschaft und wachsende Einwanderung haben diese Phänomene unterstützt. Der Begriff Identität[24] wird oft ins Feld geführt, um die Motivation von einzelnen Personen oder Gruppen zu beschreiben. Gruppen wollen durch den Ausdruck ihrer eigenen nationalen, rassischen oder sexuellen Identität eine echte oder gespürte Unterdrückung abwehren. Solange sie nur symbolisch handeln, können sie

---

[24] Uwe Schimank, Handeln und Strukturen, Weinheim und München, 2000, S. 121 ff.

in der Öffentlichkeit die Akzeptanz ihrer Anliegen erhöhen. Die Gefahr besteht jedoch, dass sie durch ihre Aktionen die Gesellschaft fragmentieren. Wenn das Ich die eigene Position aggressiv gegenüber dem Anderen durchsetzen will, macht es eine vernünftige Diskussion seiner Interessen unmöglich.

William James, der als erster empirische Psychologie betrieb, vertrat die Ansicht, dass weder erbliche Anlagen noch das soziale Umfeld das Ich bestimmen. Das Ich erschaffe sich selbst durch seine Handlungen. Dabei kann eine Biografie auch Schiffbruch erleiden. Man kann sich einen Wissenschaftler vorstellen, der von seinen Kenntnissen der Genmanipulation mit der CRISPR/Cas9-Technik so besessen ist, dass er sie an menschlichen Zwillingen ausprobiert. Er hängt mit all seinem Wesen an dieser Technik, die er mitentwickelt hat, und scheut keine ethischen Grenzen, sie einzusetzen. So ist es vielleicht in Shenzen einem chinesischen Genetiker passiert, der deswegen zu drei Jahren Haft und einer Geldstrafe in Höhe von drei Millionen Yuan (etwa 380.000 €) verurteilt wurde.

Andererseits können positive Utopien und Selbstansprüche eine Person alle Hindernisse meistern lassen, die ihrer beruflichen Entwicklung im Wege stehen. Die Astrophysikerin Jocelyn Bell Burnell hat in einem Vortrag 2013[25] erzählt, wie sie trotz ihrer evangelikalen Herkunft eine wissenschaftliche Karriere eingeschlagen hat. In der Schule weigerte sie sich, mit zwei anderen Mädchen dem nicht naturwissenschaftlichen Zweig zugeteilt zu werden. Sie studierte Physik und entdeckte in ihrer Doktorarbeit an einem Radioteleskop 1967 regelmäßige Signale von

---

[25] https://www.quakersaustralia.info/sites/aym-members/files/pages/files/2013%20Lecture.pdf.

kompakten Sternen, die deswegen Pulsare genannt wurden. 2018 wurde ihr dafür der alternative Nobelpreis mit 3 Mio. Dollar verliehen, die sie stiftete, damit Studentinnen Physik studieren können.

Wie man aus ihrer Biografie[26] sehen kann, hat das Ich keine einheitliche Gestalt, es besteht vielmehr aus vielen Ichs, die gegenseitig ihre Geltung beanspruchen. Eine Identität entwickeln heißt, mit diesem Orchester von vielen Stimmen eine Melodie hervorzubringen. Imre Kertes[27] hat diese Realisation so charakterisiert: „Ein wirkliches Leben führt ein Mensch, dem das was er tut, nicht fremd ist, der sich … in der Reihe seiner Handlungen selbst erkennt, der sein Schicksal als Ausdruck seiner selbst begreift und in diesem Sinn an ihm arbeitet." Erik Erikson[28] hat am Beispiel Luthers demonstriert, wie junge Personen handeln, wenn sie an traditionellen Autoritäten in Zweifel geraten. Sie verwirklichen sich, indem sie gegen die vertraute Lebenspraxis handeln.

Der Andere spielt eine wichtige Rolle, Handlungen zu fördern oder zu unterdrücken, die zur Entwicklung der Identität beitragen. Das Ich sieht sich im Spiegel des Anderen, der seine Bemühungen lobt oder tadelt. Jede gute Erziehung wird die Anstrengungen von jemanden belohnen, der die Initiative ergreift und einen neuen Lebensabschnitt mit frischer Energie beginnt. Umgekehrt fühlt sich eine Person, die anders als der Durchschnitt ist, herausgefordert, sich selbst darzustellen. Sie umgeht diese Bedrohung der Ich-Entwicklung, indem sie aktiv wird und sich mit Freunden organisiert. Sie macht damit einen positiven

---

[26] Ibidem.
[27] Imre Kertesz, Heimweh nach dem Tod, Hamburg 2022, S. 113.
[28] Erik Erikson, Der junge Mann Luther, Frankfurt, 2016.

Schritt, sich weiterzuentwickeln. Das Internet bietet vielen Menschen verführerische Möglichkeiten der Selbstdarstellung. Dem Ich fehlt in diesem virtuellen Medium allerdings die wirkliche Konfrontation mit dem Anderen.

Es braucht zwei Punkte, um die Entfernung eines Sterns zu messen. Zusammen mit der Koordinate des Sterns bilden sie ein Dreieck. Der Abstand des Sterns wird durch die Länge der Grundlinie und die Winkel bestimmt, unter denen der Stern erscheint. Allgemein ist in der Wissenschaft die Meinung einer einzelnen Person oder das Ergebnis eines Experiments so lange fragwürdig, solange nicht eine andere Person oder Gruppe das Ergebnis bestätigt. Die Dreiecksbeziehung zwischen dem Ich, dem Anderen und dem Gegenstand ist grundlegend für jede Art von gelungener Kommunikation. Das Ich erfährt seinen entscheidenden Test im Angesicht des Anderen. Wenn man den Anderen anblickt und seine Freude oder sein Leid, seine Lebendigkeit oder seine Fragilität sieht, dann ändert sich etwas in einem. Das Ich verdoppelt sich durch die Berührung des Anderen. Man kann dies als den Anfang jeder ethischen Haltung sehen. Emmanuel Levinas[29] hat diesen Augenblick zusammengefasst: „Der Andere wird mein Nächster genau durch das Gesicht, das mich anschaut, nach mir ruft, mich bittet und mich dadurch an meine Verantwortung erinnert und mich in Frage stellt."

Menschliche und technisch unvermittelte Nähe befähigen zu moralischen Handeln. Der körperlich präsente Andere fordert eine Ethik, die über abstrakte Prinzipien der individuellen Entscheidung hinausgeht. Ihre Werte betreffen das körperliche Wohl des Nächsten und der

---

[29] Emmanuel Levinas, The Levinas Reader, Ethics as First Philosophy, edited by Sean Hand, 1989, p. 83.

gemeinsamen Umgebung. Sie manifestieren sich in einem Ereignis, welches das Leben der beteiligten Personen positiv verändert. Wenn man den Anderen nicht mehr von Angesicht zu Angesicht trifft, spürt man nicht seine Gegenwart und Verletzlichkeit. Moderne elektronische Medien und soziale Netzwerke entkörpern die Kommunikation. Sie machen den Mitmenschen zum Gegenstand eines Bilds auf einem elektronischen Schirm, der durch keine ethische Hemmschwelle vor Auslöschung geschützt wird. Man erkennt diese Tendenz am klarsten in den modernen Kriegstechniken, die ihr Unheil mit ferngesteuerten Drohnen und Bomben verbreiten.

8

Technomoral im 21. Jahrhundert

8.1 Weise und intelligent handeln

Die bisherige Arbeit hat die Bemühungen herausgestellt, wie man am besten und geeignetsten mit den Unwägbarkeiten der modernen Technologien umgeht. Dieser Weg geht über das Gesetz der konventionellen Ethik hinaus, das sich in dem Sprichwort zusammenfassen lässt: „Was du nicht willst, dass man dir tu, das füg' auch keinem Andern zu." Man kann diese Anstrengung Tugend, Vortrefflichkeit oder Exzellenz nennen. In der antiken Philosophie wurden diese Eigenschaften unter dem Begriff „arete" zusammengefasst. Trotz aller Unschärfe dieses Worts, sind damit wichtige Eigenschaften wie Offenheit, Flexibilität, Empathie und soziales Engagement gemeint, die in einem längeren Prozess eingeübt werden müssen. Wie schon Aristoteles argumentiert, verspricht diese Tüchtigkeit der Seele Glückseligkeit, d. h. eine innere Harmonie, in der sich Bescheidenheit und Übereinstimmung mit der äußeren Welt vereinigen. Dieser Zustand wird auch als Weisheit[1] bezeichnet, die stetig hilft, das Beste zu wollen und so gut wie möglich zu verwirklichen.

Moderne Protagonisten[2] des Fortschritts im 21. Jahrhundert haben einen anderen Weg vorgeschlagen, nämlich „smart" zu handeln. Einige von ihnen haben mit modernen Technologien große Vermögen aufgehäuft, die sie jetzt in eine „bessere" Welt investieren möchten. Sie folgen in diesem Sinne den bekannten Mäzenen des späten neunzehnten Jahrhunderts und ihren Vorläufern im zwanzigsten Jahrhundert, die mit imposanten Summen Universitäten, Stiftungen, Museen und andere Kulturgüter in den USA finanziert haben. Während der weise Handelnde kontinuierlich bemüht ist, für die Umwelt und die Mitmenschen gut zu handeln, sollen die smarten Handelnden punktuell außerordentliche Erfindungen, Ideen und Spitzenleistungen vollbringen. Als immer unsteter Akteur soll er Gespür dafür erwerben, wo ein Durchbruch in neue Räume möglich ist und wie er gelingen kann. Er ist – im Gegensatz zur zufriedenen Gelassenheit des Weisen – immer unzufrieden und getrieben von dem, was ihm noch nicht gelungen ist. Er verabscheut die tägliche Routine und probiert ständig neue Ansätze aus. Eng vernetzt mit ähnlich motivierten Kollegen, ist er selbst optimistisch und begeistert andere, neue Wege zu erkunden. Man kann sich gut vorstellen, dass risikoorientierte Finanzgesellschaften solche Akteure im Blick haben, um ihr Kapital gewinnbringend anzulegen. Auch wenn einige Investitionen misslingen, werden einige andere gelingen, wichtig

---

[1] Meng Xi Dong et al., Thirty Years of Psychological Wisdom Research: What We Know About the Correlates of an Ancient Concept, Perspectives on Psychological Research, https://doi.org/10.1177/17456916221114096.

[2] *Siehe z. B.* Paul Graham, http://www.paulgraham.com/wisdom.html.

ist, dass am Ende die Bilanz positiv ist. Aber ist ein solches Handeln erstrebenswert?

Regionen wie das Silicon Valley oder der Boston Science Hub haben Unternehmen hervorgebracht, die in kurzer Zeit Spitzenforschung sehr erfolgreich in kommerzielle Produkte verwandelten. Auch in Deutschland haben sich in neuerer Zeit Forschungskooperationen gebildet, die mithilfe der künstlichen Intelligenz Dienstleistungen anbieten. Renommierte Universitäten in der Nähe von Science Hubs liefern den Nachschub von intelligenten Studenten, die die Entwicklung der Start-ups fördern. Das beschleunigte Wachstum solcher Wirtschaftsmodelle erzeugt manifeste Vor- und Nachteile. Sie erzeugen wirtschaftliches Wachstum und vergrößern das Gemeinwohl. Wegen der scharfen Konkurrenz eröffnen sich den Mitarbeitenden dieser Unternehmen risikoreiche Karrieren. Man kann schnell seinen Arbeitsplatz verlieren, wenn ein Projekt misslingt. Die Arbeitsatmosphäre ist angespannt, die Schubladen mit den Forschungsergebnissen werden nach Arbeitsschluss abgeschlossen, was in der normalen Forschung undenkbar ist. Diese Art der postakademischen Forschung und Entwicklung hat die Arbeit an den Universitäten und Instituten in vielfältiger Weise ergänzt und verdrängt. Der Prozess der Ökonomisierung der Forschung auf Kosten der Wissenschaftsethik ist dadurch weiter fortgeschritten.

Manchmal sind die Ursprünge dieser Geschäftsmodelle suspekt, wie z. B. die unerlaubte Veröffentlichung von Informationen über Harvard-Studentinnen durch Mark Zuckerberg. Die großen Monopole der FAANG-Gemeinde[3] besitzen den riesigen Datenschatz der Nutzer, den sie ohne

---

[3] Unter dieser Abkürzung versteht man die Unternehmen Facebook, Amazon, Apple, Netflix und Google von Alphabet.

Kontrolle verwenden können. Um minimalen Forderungen nach humaner Gestaltung gerecht zu werden, wurden sie gezwungen, die existierenden Praktiken zu überholen. Facebook z. B. musste Hassdarstellungen aus dem Verkehr ziehen. Amazon musste dem Druck der Arbeiter nachgeben und eine Gewerkschaft tolerieren. Ich glaube, dass die Finanzinvestoren die harte Arbeit falsch einschätzen, die mit Forschung und Technologie verbunden ist. Diese Leistungen werden tagtäglich erbracht und sind oft nicht mit großen Entdeckungen gesegnet. Sie ergeben sich aus dem kontinuierlichen Entwicklungsprozess vieler Forscher und Ingenieure. Dazu braucht es Zeit, Geduld und Anerkennung. Ein „Slow-Science-Manifesto[4]" drückt das so aus: „Die Wissenschaft braucht Zeit zum Lesen und Zeit zum Scheitern. Die Wissenschaft weiß nicht immer, woran sie gerade ist. Die Wissenschaft entwickelt sich unstetig, mit ruckartigen Bewegungen und unvorhersehbaren Sprüngen nach vorn – gleichzeitig schreitet sie jedoch auf einer sehr langsamen Zeitskala voran, für die es Raum geben muss und der Gerechtigkeit widerfahren muss."

Anerkennung wird jungen Forschenden oft nur in kleinen Dosen verabreicht. Von kurzen Zeitverträgen unterstützt, müssen sie ihre wissenschaftlichen Ziele verwirklichen. Hier hat sich schon einiges verbessert, aber nicht im Sinne von beschleunigten Prozessen, die in der digitalen Welt üblich sind. In der Ausbildung der Studenten und Studentinnen sollten die Lehrenden den Blick auf das Ganze ausweiten und trotz der extremen Spezialisierung ethische Fragen zulassen, die bei der Entwicklung

---

[4] https://acofacien.org/images/files/BIBLIOTECA/Poliiticas_educacion_superior/SLOW%20SCIENCE%20MANIFESTO.pdf, oder die kürzere Version: https://www.perform-research.eu/wp-content/uploads/2016/07/SLOW-SCIENCE.org-%E2%80%94-Bear-with-us-while-we-think..pdf.

des eigenen Fachs auftreten. Man kann nur hoffen, dass in der täglichen Zusammenarbeit intelligenter Theoretiker und fähiger Experimentatoren ein gedeihlicher Fortschritt stattfindet, der die Kultivierung der Weisheit nicht auslässt. Als Beispiel habe ich in Abschn. 3.3 die Überlegungen von Hochenergiephysikern dargestellt, die in einem Arbeitspapier überlegten, wie sie der ökologischen Krise begegnen wollen. Ein anderes Beispiel stellt der Ethikrat dar, in dem Personen aus der Biologie, Physik, Jurisprudenz, Philosophie, Religion und Medizin sich der verantwortungsvollen Aufgabe widmen, zu ethischen Fragen Stellung zu nehmen und damit Politikern und Politikerinnen Vorschläge zu machen.

8.2 Das Gesetz des ewigen Wachstums?

Lange Zeit wurde Wachstum als bester Weg zu mehr Wohlstand, Gerechtigkeit und Gleichheit angepriesen. Anstatt Neid und Missgunst innerhalb der Gesellschaft zu säen, wenn man die endlichen Güter verteilt, bleibt bei wachsendem Sozialprodukt etwas für die weniger Erfolgreichen und Benachteiligten übrig. Die sprunghafte Entwicklung neuer Technologien ebnet den Weg, mehr und effizienter zu produzieren. Permanente technische Revolutionen machen Güter billiger und steigern damit den Konsum. Dies gilt sowohl in den kapitalistischen Ländern als auch in Planwirtschaften, wie Lenins Anspruch von 1920 zeigte: Kommunismus heißt Sowjetmacht plus Elektrifizierung. Ist es also ein Gebot der Technomoral im 21. Jahrhundert, die technologische Entwicklung weiterhin bedingungslos zu fördern?

Das Mooresche Gesetz besagt ursprünglich, dass die Anzahl der Halbleiter in einem Schaltkreis fester Größe sich alle 2 Jahre verdoppelt. Allgemein wird es heute so interpretiert, dass sich dadurch auch die Rechnerleistung verdoppelt. Der Chef von OpenAI (Open Artificial Intelligence) Sam Altman[5] postuliert, dass dieses Gesetz des exponentiellen Wachstums auch für alle anderen Bereiche der Technologie gelte. Die künstliche Intelligenz (KI) werde die Organisation von Wohnraum, Erziehung, Ernährung und Kleidung so verbessern, dass jeder Bürger moderner Gesellschaften seinen Wohlstand vermehre. Andererseits ist bekannt, dass technologische Entwicklungen nach einiger Zeit stagnieren. Der Erfolg als Funktion der hineingesteckten Arbeit und des investierten Geldes folgt einer S-Kurve. Anfänglich verbessert sich die Leistung langsam, weil man sich mit der neuen Technik nicht auskennt. Intensive Arbeit wird in verschiedene Methoden gesteckt, von denen viele nicht wirkungsvoll sind. Dann beschleunigt sich die Entwicklung, weil sie sich jetzt auf die erfolgversprechenden Alternativen konzentriert. Ab einem gewissen Zeitpunkt jedoch wird der Zuwachs immer geringer. Wenn die Technologie die maximale Leistung erbracht hat, flacht die S-Kurve ab. Konservative Kritiker behaupten, dass die notwendige Begrenzung des Klimawandels energiehungrige Unternehmen wie die KI daran hindern werden, weiter zu expandieren. Die wirtschaftliche Lage hat sich in einigen Regionen des mittleren Westens der USA, in der französischen Provinz oder in Ostdeutschland verschlechtert. Diese Erscheinungen dämpfen den Optimismus, an ein kontinuierliches Wachstum zu glauben. Wenn man den Fortschritts Mythos global analysiert, dann gibt es zwar einen lokalen Aufschwung in den entwickelten Ländern, aber die Ausbeutung von

---

[5] Sam Altman, Moore's Law for Everything, https://moores.samaltman.com/.

Ressourcen und Menschen in den ehemaligen Kolonien nimmt nicht ab. Es mangelt in diesen Ländern oft an der Versorgung mit Strom, Internet und medizinischer Hilfe. Deshalb fragt man sich: Wie muss man sich fortschrittliche Technologien vorstellen, die fruchtbar im 21. Jahrhundert sind?

Ich glaube, qualitativer Fortschritt ist möglich, wenn wirtschaftliche Risikobereitschaft mit verbindlichen Zusagen ökologischer und sozialer Verbesserungen einhergehen. Um die Erderwärmung zu begrenzen, muss man den Preis für CO_2-Emissionen erhöhen. Da dies aber zu sozialen Härten führt, hat man vorgeschlagen, die Mehreinnahmen als Ökobonus pauschal an jeden wieder auszuzahlen. Die Verbraucher von mehr Energie tragen dadurch mehr zur Finanzierung der Energiewende bei. Auf weitem moralischen und politischen Druck haben sich jetzt schon viele Unternehmen auf eine umweltfreundlichere Strategie eingestellt. Populistische Bewegungen versuchen jedoch, immer wieder notwendige Reformen zu untergraben, indem sie eine Rückkehr zu einer Zeit ohne Solarkraftwerke, Windräder und Überlandleitungen fordern. Jede dieser Forderungen muss gehört werden, einige sind vertretbar, weil sie dem Naturschutz dienen. „Die Welt wird unmenschlich, ungeeignet für menschliche Bedürfnisse, welche die Bedürfnisse von Sterblichen sind, wenn sie in eine Bewegung gerissen wird, in der es keinerlei Bestand mehr gibt", sagt Hannah Arendt.[6] Es wird jedoch nicht möglich sein, nur zu bewahren oder zu gewinnen. Die modernen Technologien haben uns abhängig gemacht. Die leicht bezahlbare Mobilität mit Auto und Flugzeug zu

---

[6] Hannah Arendt, Von der Menschlichkeit in finsteren Zeiten, Rede über Lessing, München, 1959, S. 18 https://philpapers.org/archive/AREVDM-5.pdf.

verlieren, bedeutet, Verluste an Lebensqualität hinzunehmen. Da die Zeit drängt, werden kurzfristig Einschränkungen kommen, höchstens langfristig können Vorteile erwartet werden. Der Soziologe Andreas Reckwitz[7] spricht davon, dass wir Verluste akzeptieren müssen und dass der Staat die Gesellschaft stützen muss, um sie während einer Übergangszeit gegen die gewaltigen Veränderungen zu verteidigen. Er meint, die Menschen sollten die Pflicht erwägen, sich zugunsten des Gemeinwohls einzuschränken.

8.3 Also doch Pflichten

G.E.M. Anscombe stellt in ihrem grundlegenden Artikel „Modern Moral Philosophy"[8] die Hypothese auf, „dass die Begriffe … moralische Verpflichtung und moralische Pflicht … nicht verwendet werden dürfen … Sie sind Überbleibsel, oder Ableitungen von Überbleibseln, von einer früheren Vorstellung von Ethik, die in der Regel nicht mehr überlebt und nur noch schadet.". Sie betont, dass früher Autoritäten wie Gott oder die Natur die Kluft zwischen Sein und Sollen überbrückten. Wenn aber heute die Wissenschaft einen Zusammenhang zwischen der Nutzung fossiler Energien und dem Klimawandel mit steigenden Temperaturen und Überschwemmungen herstellt, kann sich daraus eine Pflicht zur Änderung ergeben? Gibt es dann eine Pflicht, trotzdem zu handeln? Immanuel Kant hat versucht, die Kluft zwischen Sein und Sollen anzuerkennen und auf andere Art zu überbrücken.

---

[7] https://www.deutschlandfunk.de/pflicht-wird-zu-einem-progressiven-wert-soziologe-andreas-reckwitz-im-gespr-dlf-6a5543d4-100.html.
[8] G.E.M. Anscombe, Modern Moral Philosophy, VOL. XXXIII. No. 124, 1958, p. 1, (Meine Übersetzung).

Neben dem bekannten kategorischen Imperativ hat er eine bedingte Pflicht diskutiert, die er hypothetischen Imperativ nennt.[9] Sie betont die Autonomie des handelnden Individuums. Auf unser Beispiel angewandt, würde das bedingte Gebot lauten: „Wenn du den Klimawandel verhindern willst (A), höre auf, fossile Energien zu verbrauchen (B)." Die normative Kraft dieses Imperativs stammt also aus den Kenntnissen des empirischen Zusammenhangs zwischen fossilen Energien und einem erhöhten CO_2-Gehalt in der Atmosphäre, der zur Erderwärmung führt.

Um darüber hinaus gut zu handeln, muss man nicht nur effizient handeln, sondern auch einen Ausgleich zwischen wirtschaftlichen und ökologischen Kriterien finden, die sich oft widersprechen. Neben dem hypothetischen Imperativ steht der kategorische Imperativ, so zu handeln, dass die Handlung als verbindliches Gesetz aller Handelnden gelten könnte.[10] „Er betrifft nicht die Materie der Handlung und was aus ihr folgen soll, … das Wesentlich-Gute besteht in der Gesinnung, der Erfolg mag sein, welcher er wolle." Der kategorische Imperativ ist formal und unabhängig von den empirischen Tatsachen. Er will nicht nur imminentes Unheil abwenden, sondern gemeinsam mit anderen und für andere handeln. Um den Klimawandel zu verhindern, müssen alle Staaten der Welt zusammenarbeiten. Die Konferenz COP 27 der Vereinten Nationen hat mit dem „Loss und Damage" Vertrag beschlossen, weniger entwickelte Länder für die Verluste zu kompensieren, die sie durch die Industrieländer erlitten haben. Im Gegenzug verpflichten sich jene Länder, gegen den Klimawandel vorzugehen.

---

[9] Immanuel Kant, Grundlegung zur Metaphysik der Sitten, zweiter Abschnitt, Leipzig 1920, S. 41.
[10] Immanuel Kant, ibidem S. 44.

Dies ist ein Beispiel dafür, autonom gut zu handeln, d. h., als vernünftiger Agent aus innerem Antrieb zu handeln und nicht nur äußeren Zwängen zu folgen. Die Moral im 21. Jahrhunderts will also nicht nur, dass der Mensch geschickt und klug handelt, sondern dass er wie eine reife Person handelt. Diese reife Persönlichkeit sieht moderne Technologien nicht als äußere Konstellationen, denen man sich unterordnen muss, sondern als Erweiterungen des eigenen Selbst, die man gestalten muss. Sie lehnt Technologien ab, die sich nicht in die je eigene Lebensform integrieren lassen. Die Aneignung der Tugenden hilft, diese Praxis zu entwickeln. Obwohl der kategorische Imperativ formal ist, geht er damit über die Tugendpraxis hinaus, weil er weitergehendes politisches und wirtschaftliches Handeln fordert. Das nächste Kapitel befasst sich deswegen mit einem konkreten Beispiel, was eine ethische Haltung in der Unternehmenspraxis ausmacht.

9

Ethik des Unternehmens

9.1 Gute Unternehmenspraxis

Es besteht ein allgemeines Verständnis, was gute Unternehmenspraxis ausmacht. Obwohl die angestellten Führungskräfte nicht die Besitzer des Unternehmens sind, verpflichten sie sich, den Wert des Unternehmens für die Eigentümer und Aktionäre zu erhöhen. Wären sie mit den Produkten des Unternehmens nicht einverstanden, weil diese eventuell für die Allgemeinheit schädlich sind, wie z. B. Militärtechnik, dann müssen sie aussteigen und woanders arbeiten. Es ist keine Frage, dass gute Praxis gesetzestreues Verhalten beinhaltet. Richtlinien dafür sind im deutschen Corporate Governance Kodex[1] festgelegt. Zwischen der Verantwortlichkeit des Unternehmers und der Pflicht der politisch Verantwortlichen aber ist klar zu

---

[1] https://www.dcgk.de/de/.

unterscheiden. Die letzteren sind der Öffentlichkeit verantwortlich. Dies trifft auf die Unternehmensleitung nicht zu. Sie ist dem Unternehmen Rechenschaft schuldig.

Zu guter Praxis gehören zwei Standards: Gute Sitten und Gerechtigkeit. Gute Sitten bedeuten, es muss ehrlich und fair im Unternehmen zugehen. Lüge und Betrug können keine Handlung rechtfertigen. Alle Verfahren müssen transparent für die Mitarbeiter und die Öffentlichkeit ablaufen. Gerechtigkeit bedeutet, dass das Einkommen oder die Bezahlung der Leistung entspricht, welcher dieser Mitarbeiter zum Erfolg der Firma beiträgt. Es darf keine bevorzugte Beförderung von „Freunden" geben.

Betroffene Führungskräfte[2] haben im Jahr 2005 eine Liste von Handlungen aufgeführt, welche die Zeitschrift Economist zum Thema gute soziale Praxis zusammengefasst hat. Ich betrachte diesen Aufsatz als historische Grundlage dieses Kapitels. Als Leitlinien gelten die obigen zwei Standards guten Managements, die sowohl den Wert des Unternehmens mehren als auch sein Bild in der Öffentlichkeit positiv beeinflussen sollen. Nach der Meinung der befragten Führungskräfte darf nicht vergessen werden, dass ein prosperierendes Unternehmen auch das Gemeinwohl erhöht. Marc Benioff hat in seinem Buch „Compassionate Capitalism"[3] beschrieben, wie man darüber hinaus sozial tätig sein kann. Er ermutigt die Angestellten, soziale Dienste zu leisten, indem er als Arbeitgeber ihre Arbeitszeiten flexibel gestaltet. Der Artikel im Economist unterscheidet von dieser Art von gutem Management großzügige Spenden an wohltätige Vereine, die aus den Erträgen

---

[2] Corporate Social Responsibility as practised means many different things, Economist; https://www.economist.com/special-report/2005/01/22/the-union-of-concerned-executives.

[3] Marc Benioff, Compassionate Capitalism: How Corporations Can Make Doing Good an Integral Part of Doing Well, 2004.

des Unternehmens finanziert werden. Sie seien zwar ethisch gut, würden aber den Gewinn mindern, oder anders ausgedrückt „geborgte" Tugendhaftigkeit darstellen.

Viele „gute" Taten kommen mit Kosten. Diese Kosten werden zum Teil über verminderte Steuern und höhere Preise an die Allgemeinheit weitergegeben und erreichen damit ihr Gegenteil, sie vermindern den allgemeinen Wohlstand. Wenn jedoch etwas von öffentlichem Interesse ist, müssen die Regierung und die politischen Akteure sich darum kümmern. Auf der anderen Seite gelte: Geschäft ist Geschäft.

9.2 Die Menschen verbunden mit dem Unternehmen

Welche Entscheidungen müssen Unternehmen heutzutage treffen? Unter der Überschrift „Tech Ethics" steht eine Veröffentlichung des Markula Centers für angewandte Ethik,[4] die aus der Perspektive von Technologieunternehmen eine erweiterte Praxis vorschlägt. Dieser Aufsatz ist fast zwanzig Jahre später als die Referenz in Abschn. 9.1 entstanden, sodass man die Entwicklung des Gebiets „Ethics in Technology Practice" erkennen kann. Technologiepraxis umfasst technisches Wissen und Können, die zugehörige organisatorische Struktur, den Ressourcenverbrauch und die Auswirkungen auf die Umwelt. Der Anspruch, das Bestmögliche in diesem Umfeld zu tun, soll das Nachdenken anregen, ethisch zu handeln. Der

---

[4] Vallor, Shannon, Brian Green, and Irina Raicu (2018). Ethics in Technology Practice. The Markkula.
Center for Applied Ethics at Santa Clara University. https://www.scu.edu/ethics/.

Adressat ist das Unternehmen als eine Institution, die nur durch ihre Mitglieder aktiv handeln kann. Max Weber[5] definiert dieses Handeln so: „Soziales Handeln aber soll ein solches Handeln heißen, welches seinem ... Sinn nach auf das Verhalten *anderer* bezogen wird und daran in seinem Ablauf orientiert ist." Im Zentrum dieser Diskussion ethischen Handelns von Tech-Unternehmen stehen also die Menschen, die sich für das Unternehmen einsetzen und an seinem Erfolg orientiert sind. Im englischen Jargon werden diese als „stakeholders" bezeichnet (stake = Einsatz). Man unterscheidet dabei zwei Arten von Personen. Die erste Gruppe umfasst die Personen innerhalb des Unternehmens, also die Mitarbeiter und Manager. Die zweite Gruppe befindet sich außerhalb des Unternehmens, ist ihm aber mit seinem Verhalten eng verbunden, also die Kunden, Lieferanten und Kapitalgeber (Aktionäre).

Der Kontakt mit den Kunden ist für das Unternehmen wichtig, um festzustellen ob seine Erzeugnisse oder Leistungen positiv aufgenommen werden. Bei komplizierten technischen Produkten sind die Erfahrungen der Nutzer besonders wichtig. Selbst wenn die Erzeugnisse im Unternehmen getestet wurden, können nur die Nutzer ihre Qualität beweisen. Der gewissenhafte Umgang mit den Folgen und Risiken seiner technischen Produkte zeichnet ein Unternehmen aus, wenn man sein ethisches Verhalten bewertet.

Ebenso wie der Output ist der Input der Produktion wichtig. Die Kette der Zulieferer entscheidet nicht nur über den Ertrag, sondern auch über die Zustände, unter denen die Rohmaterialien gewonnen oder produziert werden. Hochtechnologie wie Batterien benötigen Stoffe wie

---

[5] Max Weber, Wirtschaft und Gesellschaft, MWG I/23, hg. von Knut Borchardt, Edith Hanke und Wolfgang Schluchter, S. 1.

Lithium, Nickel und Cobalt, die oft unter unmenschlichen Bedingungen gefördert werden. Hier muss der Auftraggeber dafür werben, die ethischen Standards in diesen Ländern zu verbessern. Ein Lieferkettengesetz kann die unterschiedlichen Bedingungen für den weltweiten Einkauf der verschiedenen europäischen Unternehmen vereinheitlichen und ist deshalb empfehlenswert. Hier geht Legalität mit Moral zusammen, was nicht immer der Fall ist. Wenn durch politische Veränderungen wie Kriege oder Aufstände Teile von Lieferketten ausfallen können, ist eine robuste ausreichende Versorgung mit Rohstoffen und Energie besonders wichtig.

Technologische Entwicklungen dienen dazu, das Leben zu erleichtern. Sie können sehr wohl bei verschiedenen Gruppen unterschiedliche Auswirkungen haben. Die Verschlüsselung von Nachrichten gewährleistet die Privatsphäre der Nutzer. Sie erleichtert aber auch die Vorbereitung krimineller Handlungen. Teure medizinische Therapien können risikobewusste Konsumenten bevorzugen. Deswegen ist es jedoch nicht falsch, sie zu entwickeln, da die Hoffnung besteht, dass sie mit der Zeit allgemein zugänglich werden. Aus geschäftlicher Sicht mögen selbstfahrende Autos und unbemannte Lieferdrohnen lohnend sein, aus Sicherheitsgründen sollte immer menschliches Eingreifen erforderlich sein.

Die Mitarbeitenden eines Technologieunternehmens arbeiten oft in hochqualifizierten Teams und werden auch dementsprechend entlohnt. Die schwierige Aufgabe besteht darin, diese Teams richtig zusammenzusetzen, sodass die Kreativität der einzelnen Teilnehmer zur Geltung kommt. Eine gewisse Tendenz besteht in diesen Gruppen, dass sie die Möglichkeiten der Wissenschaft und Technik überschätzen, die mit ihrer eigenen Arbeit verbunden sind. Für Techniker und Ingenieure ist es schwierig, andere

Menschen zu verstehen, die ohne mathematisch-naturwissenschaftliche Bildung aufgewachsen sind. Gemischte Arbeitsgruppen sind offener für Lösungen außerhalb des engeren Bezugsrahmens und können diese Grenzen besser einschätzen.

Der Vorstand des Unternehmens sollte die Verhaltensregeln im Unternehmen vorgeben und ihre Einhaltung überprüfen. Dazu gehören die Regelung von Arbeitszeiten, gleiche Rechte und Löhne für Männer und Frauen, Gesundheit und Sicherheit am Arbeitsplatz, Regeln für die Nutzung von Social Media und Internet und der Datenschutz. Mitarbeiter sollten eigenverantwortlich handeln können, wenn sie einen Verstoß gegen anwendbare Vorschriften beobachten. Das Handlungsfeld eines Unternehmens mit Hochtechnologie stellt viele Probleme der Wirtschaftsethik in den Vordergrund, die sich wegen der Schnelligkeit der Entwicklung in dieser Branche verstärken.

Tech-Ethik geht über die allgemeinen Regeln guter Unternehmenspraxis (Compliance) hinaus. Führungskräfte im Unternehmen sind mit wirtschaftlichen Problemen konfrontiert, die zum Teil aus der Zusammensetzung der internen und externen Kapitalgeber folgen. Die besten technischen und ethisch saubersten Lösungen sind nicht immer solche, die wirtschaftliche Gewinne bringen. Meist wird dann ein Weg propagiert, der widersprüchliche Forderungen gegeneinander abwägt. Dies könnte ein Vorwand sein, Eigeninteressen durchzusetzen. Gerade deshalb ist es wichtig, ethische Werte zu berücksichtigen, um öffentliches Vertrauen zu erwerben.

9.3 Die Ziele des Tech-Unternehmens

Das Ziel eines Tech-Unternehmens ist, innovative Erzeugnisse zu produzieren oder Leistungen zu erbringen, die den Wettbewerbern überlegen sind. Der Gewinn wird nicht nur durch Angebot und Nachfrage, sondern auch durch den eigenen Umgang mit den Ressourcen bestimmt. Ethisch sinnvoll ist eine Planung, die das eigene Handeln in den größeren sozialen und ökologischen Zusammenhang einbettet. Die Virtualisierung der Produktion von Tech-Unternehmen erlaubt der Hochtechnologie, den Standort so zu bestimmen, dass Steuern vermieden werden. Diese Ungleichheit nicht auszunutzen, ist Teil der ethischen Praxis. Das Unternehmen sollte im Einvernehmen mit dem Land handeln, von dessen Infrastruktur die Firma profitiert.

Im Kap. 2 habe ich verschiedene Stufen des technischen Handelns als Erfinden, Produzieren, Verbessern und Kontrollieren beschrieben. Wenn diese Tätigkeiten in einem vertrauensvollen und transparenten Verhältnis zur Öffentlichkeit stattfinden, erhöhen sich die Akzeptanz und die Qualität der erbrachten Leistungen. Ein Unternehmen muss nicht den Forderungen von Kunden hinterherlaufen, es muss selbst einen Stil herausbilden. Produkte werden nicht immer unter idealen Voraussetzungen hergestellt, deshalb muss es schützende Sicherheiten geben, um Risiken zu vermeiden. Diese gelten besonders für den Energiekonsum des Unternehmens und eventuelle Schäden an der Umwelt, die leicht bei der Entwicklung vergessen werden. Eine adäquate Darstellung des erreichten Fortschritts ist eine gute Werbung, wird aber schädlich, wenn sie unrealistische Erwartungen weckt. Technische Machbarkeit sollte nicht übertrieben dargestellt werden, sondern im Zusammenhang mit einer Verbesserung der allgemeinen

Lebensbedingungen. Wichtig ist, dass die Mitarbeiter in die gleiche Richtung denken und engagiert diese Ziele verfolgen. In der Hierarchie der Angestellten und Führungskräfte gibt es leicht Gelegenheit, Verantwortung auf andere zu schieben. Nur wenn man diese auf jedem Niveau wohldefiniert, können Fehler, die lange andauern, vermieden werden.

Schon im 18. Jahrhundert haben die Quaker ihren Mitgliedern verboten, am Sklavenmarkt teilzunehmen. Bei den Methodisten predigte Wesley[6] den richtigen Gebrauch des Geldes. Man sollte dem Konkurrenten nicht schaden und seinen Mitarbeitern keine der Gesundheit schädlichen Tätigkeiten aufbürden. Die Kapitalgeber und Finanzinvestoren haben für Unternehmen, die ethischen Forderungen genügen, spezielle Auszeichnungen entwickelt. Die beiden Kategorien SRI für „Socially Responisble Investment" und ESG für Environmental, Social Governance bezeichnen solche Unternehmen. Die europäische Union verlangt mit dem Jahresbeginn 2024 ein „Corporate Sustainability Reporting" von den Unternehmen. Darin sollen sie über die Wirkung der Unternehmenspolitik auf die Umwelt und die Mitmenschen berichten. Investoren sollen die finanziellen Risiken erfahren, die sich durch den Klimawandel für das Unternehmen ergeben. Welche Strategien entwickelt das Unternehmen, um sie zu vermeiden und nachhaltig zu produzieren?

Einige Kritiker betonen, dass allgemein verbindliche Normen für die obigen Forderungen fehlen und der bürokratische Aufwand für die Dokumentation der sozialen und ökologischen Leistungen zu groß sei. Solche Einwände gibt es z. B. gegen die Offenlegung von

---

[6] https://christianhistoryinstitute.org/magazine/article/wesleys-sermon-use-of-money.

Lieferketten und deren kritische Bewertung. Andere Kritiker meinen, dass eine ESG-Auswahl Konzerne aussondert, die Waffen produzieren, die in Kriegszeiten gebraucht werden. Spekulanten lassen die Aktien solcher Unternehmen aber steigen, sodass sie durch Ausgabe zusätzlicher Aktien investieren können. Die Wirklichkeit zeigt, dass eine immer größere Anzahl von Investoren sich für Firmen entscheidet, welche ESG-Kriterien genügen. Seit 2015 hat sich die Zahl der Investitionen in solche Unternehmen verfünffacht. Natürlich müssen Unternehmer und Technologen in ihrem täglichen Beruf individuell handeln, ihre Entscheidungen sollen aber so ausgerichtet sein, dass sie das Leben anderer nicht wesentlich beeinträchtigen. Was der Umwelt hilft, entlastet die Unternehmen von hohen Folgekosten und das Budget des Staates wird frei, sich auf wichtige Investitionen zu konzentrieren. Investitionen in die Infrastruktur und erneuerbare Energien können das Leben der Bevölkerung erleichtern. Die Förderung von Forschung und Innovationen wird entscheiden, wie Menschen und Maschinen in der Zukunft zusammenarbeiten werden.

10

Die Zukunft

10.1 Wie Menschen und Maschinen zusammenarbeiten

Der frühe Gebrauch von Werkzeugen, der Übergang vom Nomaden zum Ackerbauern, antike Hochkulturen und die Entstehung der Naturwissenschaften in der Neuzeit bezeugen die kontinuierliche Entwicklung von menschlichen Techniken. Oliver Schlaudt[1] spricht in seinem Buch „Das Technozän" über die Koevolution von Mensch und Technik, die nach seiner Meinung schon seit Jahrhunderten andauert. Ich habe in Kap. 2 beschrieben, wie die technische Praxis dem Grundmuster menschlichen Handelns folgt: Zu dem Bedürfnis einen Zweck zu erreichen, gesellt sich ein Mittel, das ein technisches Instrument oder ein technischer Prozess sein kann. Der Mensch glaubt,

---

[1] Oliver Schlaudt, Das Technozän, Frankfurt 2022.

dass dieses Werkzeug funktioniert und setzt es mit der Absicht ein, dass der Zweck realisiert wird. Manchmal hilft auch der Zufall beim Finden des richtigen Mittels.

Die Moral kommt an verschiedenen Stellen der Interaktion von Mensch und Technik ins Spiel. Man kann die Bedürfnisse nach einem enthaltsamen oder genussvollen Leben ausrichten. Zwischen diesen beiden Extremen erschöpft sich nicht die reichhaltige Palette menschlicher Bedürfnisse. Die Lust am Leben ist der Grund, um überhaupt aktiv zu sein. Sie kann sich sinnlich direkt oder vermittelt äußern, wenn man das Schöne in künstlichen Bildern oder Tönen sucht.

Zudem besteht die Möglichkeit, zwischen verschiedenen Zielen und Mitteln auszuwählen, die gut oder schlecht sein können. Dabei wird die Handlung anhand des Ziels, des Mittels oder der Auswirkungen bewertet. Außerhalb des Dreiecks – Handelnder, Mittel und Zweck – gibt es die Mitwelt, in der sich die Zwecke und Mittel mehr oder weniger integrieren. Sie müssen in die Mitwelt passen und sie nicht negativ verändern. Die Mitwelt wandelt sich ständig, deshalb ist dieses Urteil zeitabhängig und immer wieder revisionsbedürftig. Die Mitwelt, d. h. die Natur, die technischen Gegenstände und die Gesellschaft werden in neuerer Zeit als Einheit gesehen und unter dem Begriff „Anthropozän" sogar einem neuen geologischen Zeitalter zugeordnet. Alf Hornberg,[2] von dem der Begriff Technozän stammt, wendet sich gegen diese Bezeichnung. Für ihn steht die Technologie im Zentrum der biophysikalischen und soziokulturellen Veränderungen.

---

[2] Alf Hornborg, The political ecology of the technozän, p. 70, in The Anthropocene and the global environmental crisis. Rethinking modernity in a new epoch. Ed. Clive Hamilton, Christophe Bonneuil and Francois Gemenne, London 2015.

10 Die Zukunft

Der Mensch kann die fortdauernde Kontrolle der Umwelt an Regelkreise delegieren. Dann überwacht die Technik das gewünschte Ziel. Ein Thermostat z. B. meldet Über- oder Unterschreitungen der gewünschten Temperatur in einem Raum an das steuernde Ventil, dem Mittel, das den Wärmefluss reguliert. Dies ist die traditionelle erste Art von künstlicher Intelligenz, die schon seit fast hundert Jahren existiert. Die neuere Entwicklung besteht darin, dass mehrere Zielfunktionen zusammengefasst werden. Beim teilautomatisierten Fahren z. B. sorgt ein Tempomat (ACC = Adaptive Cruise Control) dafür, dass eine gewählte Geschwindigkeit **und** der notwendige Sicherheitsabstand zum vorausfahrenden Fahrzeug eingehalten werden, indem er das Fahrzeug beschleunigt oder abbremst. Eine noch höhere Stufe schließt die Kontrolle über die Fahrbahn ein, sodass das Automobil auf der Autobahn die Spur einhält oder bei einem plötzlich auftretenden Hindernis eine Notbremsung durchführt. Natürlich muss der Fahrer trotzdem aufpassen und notfalls die Steuerung übernehmen.

Da der Regelkreis verschiedene Aspekte der Mitwelt berücksichtigt, können Dilemmas auftreten, die allgemein als Trolley-Problem bekannt sind. Soll das selbststeuernde Automobil das Leben der Insassen oder das Leben eines Fußgängers auf der Straße schützen? Diese Gedankenexperimente zeigen die widersprüchlichen Aspekte verschiedener ethischer Systeme. Hier kollidiert das Prinzip, eigenes Leben zu erhalten mit dem allgemeinen Gesetz alle Leben zu achten. Heute sind allerdings die technischen Voraussetzungen für autonome Autos noch so unzureichend, dass selbst Standardsituationen für die Insassen und die Mitwelt gefährlich werden können.

Eine andere Situation tritt ein, wenn der Handelnde die Maschine fragt, um Kenntnisse zu erwerben, bevor er eine Entscheidung trifft. Die neue Technik „künstliche Intelligenz" (KI) soll ein „vernünftiger" Gesprächspartner sein. Wer sich ihr anvertraut, glaubt – wenn auch skeptisch – an die Fähigkeit der KI, solche Auskünfte zu erteilen.

Die Verarbeitung von Sprache mithilfe des Computers hat eine längere Geschichte hinter sich. Die linguistische Datenverarbeitung (NLP = natural language processing) begann um 1970 mithilfe von Regeln, einen semantisch und syntaktisch korrekten Text zu generieren. Linguisten und Informatiker konzentrierten sich auf formale Sprachen und deren Syntax. Später um 1990 etablierte sich dann eine mehr empirische Schule, die versuchte, mit Wahrscheinlichkeitstheorie und Statistik die Methode zu verbessern. Die meisten Programme zur Worterkennung und Ergänzung beim Schreiben von Kurznachrichten benutzen diese Methode. Moderne Chatbots im 21. Jahrhundert allerdings basieren auf neuronalen Netzwerken,[3] um Texte zu verstehen und zu generieren. Ein solches Netzwerk besteht aus vielen Knoten, die in einer hierarchischen oder baumartigen Struktur organisiert sind. Jeder Knoten entspricht einer neuronalen Synapse und hat mehrere Eingangskanäle und einen Ausgangskanal. Das System ist selbstlernend, indem es Sätze im Internet liest und bearbeitet. Es beginnt mit einfachen Sätzen. Um die Synthese von Sätzen zu erlernen, lässt es zuerst das letzte Wort eines Satzes weg und probiert es dann zu finden, ohne es zu erinnern. Das Programm schlägt aus seinem Fundus von naheliegenden Worten ein ergänzendes Wort vor, wobei die Eingangsdaten des Satzes die Nähe definieren. Schlüsselwörter werden gewichtet an die darüber liegenden Synapsen weitergegeben, die dann ein neues Wort

---

[3] https://en.wikipedia.org/wiki/natural_language_processing Dieser Aufsatz ist ziemlich umfangreich und gibt die Geschichte der linguistischen Sprachverarbeitung recht gut wieder.

generieren. Wenn dieses Wort nicht mit dem gewünschten Wort übereinstimmt, verändert der Algorithmus die Gewichte der Eingangsdaten.

Diese Methode beruht auf der RNN-Technik (recurrent neural network), welche die Eingangsdaten in Ausgabedaten verwandelt und dann in einem weiteren Durchlauf mit dieser Ausgabe die Eingabe modifiziert. Sie hat sich bei Standardanwendungen in der Spracherkennung bewährt. Die neuere Entwicklung der „attention"-Technik lernt, Wörter auch im Mittelteil eines Satzes zu ergänzen, indem sie vorwärts und rückwärts den Satzverlauf berücksichtigt. Das Model weist jedem Wortpaar im Satz eine Wahrscheinlichkeit zu, dass sie zusammen auftreten. Das erfolgreiche System von OpenAI GPT-3[4] (Generative Pre-Trained) hat 175 Mrd. Parameter. Genauso wie bei der Google Suchmaschine ist die trickreiche Programmierung von GPT-3 ein Geheimnis. Könnte man das Programm nachvollziehen, und wäre der Algorithmus transparenter, dann würde man die Leistungen der KI besser akzeptieren. Bis jetzt allerdings sind viele Algorithmen geheim. In der Presse sind Erfahrungen mit dieser Maschine oder der ähnlich ambitionierten Maschine von Microsoft Bing protokolliert. Das System besitzt eine überraschende Sprachfertigkeit, aber auch mangelndes Verständnis einfacher Mathematik und Wirklichkeit. Microsoft hat die Benutzerzeit begrenzt, weil ein Nutzer nach einer zweistündigen Konversation[5] vom Computer bedroht wurde. Beim jetzigen Stand scheint das Wort künstliche Intelligenz etwas

---

[4] https://towardsdatascience.com/gpt-3-A-complete-overview-190232eb25fd. In der Zwischenzeit ist schon GPT-4 auf dem Markt. Dieses Programm hat die Anzahl der Parameter verdoppelt und generiert multimodale Ergebnisse, also auch Grafik.

[5] https://www.nytimes.com/2023/02/16/technology/bing-chatbot-transcript.html.

übertrieben. Jaron Lanier[6] hat überzeugend ausgeführt, dass man das System nicht mythologisieren sollte. Nach seiner Meinung bietet die KI viele Möglichkeiten, mit anderen Menschen zusammenzuarbeiten. Auf lange Sicht kann sie die starre und einförmige Arbeit am Computer abwechslungsreicher machen. Um Schaden abzuwenden, sollte die Herkunft der Daten dokumentiert werden,[7] die in den Antworten der KI vermischt werden. Der Nutzer sollte den Ursprung der Daten feststellen können. Außerdem müsste das Programm Falschdarstellungen von Bildern oder Videos anmerken.

Der deutsche Ethikrat hat in einer Studie die Gefahren und Nützlichkeit der KI untersucht.[8] Er begrüßt die Chancen und Möglichkeiten, die sich durch die KI ergeben. Er warnt aber auch, dass die Erleichterungen bei der Entscheidungsfindung nicht die Verantwortung des Menschen vermindern oder ersetzen dürfen. Als Risiko haben die Autoren dieser Studie die psychologischen Effekte einer zunehmenden Gängelung gesehen, wenn der Mensch die Autorität an die Maschine übergibt.

Neben der linguistischen Synthese hat die KI eindrucksvolle Erfolge bei strategischen Spielen wie Schach und Go erzielt. Das Programm Alpha-Go, das erfahrene Gospieler besiegt hatte, musste allerdings Grenzen anerkennen.[9] Mithilfe von Studien an anderen Computern wurde festgestellt, dass ein durchschnittlicher Spielzug

---

[6] https://www.newyorker.com/science/annals-of-artificial-intelligence/there-is-no-ai.

[7] Das Programm „perplexity" https://www.perplexity.ai/ gibt Informationen zur Herkunft der Daten.

[8] Die ausführliche Stellungnahme ist im Internet zu finden: https://www.ethikrat.org/fileadmin/Publikationen/Stellungnahmen/deutsch/stellungnahme-mensch-und-maschine.pdf.

[9] https://www.ft.com/content/175e5314-a7f7-4741-a786-273219f433a1.

das Programm ablenken konnte und das Programm dann verliert. Die Programme können nur die Konfigurationen verstehen, die sie in der Vergangenheit gelernt haben. Sie können sie nicht verallgemeinern, um mit ihnen kreativ umzugehen. Auf lange Sicht genügt es nicht, Erfahrungen mit der KI zu katalogisieren, es wäre viel wichtiger, die Programmierung im Detail zu analysieren. Dies wird allerdings von den beteiligten Firmen nur bedingt gestattet. Auch muss auf lange Sicht die aufwendige Lernphase durch die Analyse von kausalen Zusammenhängen verkürzt werden. Sie kontrolliert, ob die Daten die Wahrscheinlichkeiten für die verschiedenen Zustände des Systems korrekt widerspiegeln. Wenn zwei Größen nicht vernünftig miteinander korreliert sind, muss die Maschine die dritte Variable suchen, über die sie miteinander verbunden sind.

Ein Beispiel, wie irreführend Korrelationen allein sein können, ist die folgende Statistik.[10] Die Sterblichkeit für Covid ist bei Geimpften höher als bei Nichtgeimpften. Um diese Korrelation zu verstehen, muss man die dritte Größe, nämlich das Alter der Personen betrachten. Es stellt zwischen Impfstatus und Sterblichkeit die bestimmende Ursache der Daten dar. Das durchschnittliche Alter der geimpften Personen in der Statistik ist höher als das der nichtgeimpften Personen. Dies kann man auch durch Teilung der Statistik nach Altersgruppen feststellen. Kausale künstliche Intelligenz (KKI) kann so zu den Ursachen beobachteter Daten vorstoßen. Idealerweise bereitet die KKI auf diese Weise in der Gesundheitsvorsorge, Finanzwissenschaft und Ökologie menschliche Entscheidungen besser vor. Die Zusammenarbeit zwischen Mensch und

---

[10] https://pirsa.org/speaker/ciaran-lee-0.

Computer ist weiterhin notwendig und wird in Zukunft noch spannend werden.

10.2 Das technische Zubehör

Mit dem 21. Jahrhundert hat eine rasante Entwicklung neuer Technologien begonnen. Wenn man in die Zukunft blickt, kann man hauptsächlich vier dominante Technologien identifizieren, die mit der Atomfestkörperphysik, Informatik, Biologie und Neurologie verbunden sind. Ich will einige der neuesten Entwicklungen aufzählen, die sich dadurch auszeichnen, dass sie an den Schnittstellen der obigen Fachgebiete liegen.

Die Physik hat gelernt, einzelne Atome zu manipulieren. Indem sie diese Atome bei tiefen Temperaturen in Gittern anordnet, vermag sie neue Materialien zu konstruieren. Diese Objekte eignen sich als Elemente eines Quantencomputers, der viele Rechenoperationen gleichzeitig parallel ausführen kann und damit die Informatik revolutioniert. Die Leistung traditioneller Computer mit modernen Graphikchips ermöglicht aufwendige Lernprozesse der künstlichen Intelligenz, die dadurch scheinbar kreative Fähigkeiten gewinnt. Sogenannte neuromorphe Computer bilden Gehirnprozesse nach und könnten schneller als digitale Computer kognitive Prozesse simulieren.

Die Biotechnologie wendet die neuesten Ergebnisse der Mikrobiologie, Chemie, Genetik und Informatik an, um neue Medikamente und Verfahren zur Diagnose von Krankheiten herzustellen. Mit biologischen Zellen bestückte Chips testen Medikamente. Durch die Genschere CRISPR kann man die DNA an einer Stelle durchschneiden und gezielt ändern. Bei der Pandemie haben sich mRNA-Impfstoffe (messenger RNA) bewährt, die den Bauplan eines Antigens als Boten-RNA besitzen. Mit diesem Bauplan produzieren die Körperzellen das spezifische Antigen selbst, um die Immunreaktion auszulösen.

Der Charakter technischer Innovationen verlagert sich von der Produktion von Gegenständen auf die Perfektion von Prozessen, die sich in virtuellen oder künstlichen Umgebungen verwirklichen. Mit dem Computer kann man präzise 3d-Modelle von Prototypen herstellen und deren Verhalten simulieren. Diese Prozesse sind schwieriger zu kontrollieren als technische Gegenstände, die von einzelnen Individuen benutzt werden, weil sie ihr Verhalten teilweise selbst regeln.

Heidegger[11] hat die moderne Technik als *„Gestell"* bezeichnet. „Gestell heißt die Weise des Entbergens, die im Wesen der modernen Technik waltet und selbst nichts Technisches ist." Ich würde diese Metapher für die modernen Wissenschaften verwenden, die der Natur Fragen *stellen* und von ihr Antworten erwarten. Das Gestell ist der ideale Versuchsaufbau, mit dem sich diese Fragen formulieren lassen. Ich bin der Ansicht, dass man die Funktion der modernen Technik dagegen anders beschreiben muss, nämlich als *„Zubehör"* zu diesem Gestell. Wie ich oben versucht habe zu zeigen, sind die modernen Techniken in enger Verzahnung mit den Wissenschaften entstanden. Ich bezeichne sie deswegen als „Zubehör". Für den Wissenschaftler ist die Technologie notwendig, um den optimalen Versuch zu realisieren. Sie gehört deswegen zur Wissenschaft, sie gehört andererseits aber auch zum Ganzen der Natur und nicht nur zu uns Menschen, die sie erfunden haben. Wir müssen die von uns geschaffenen Artefakte auf die Naturdinge hin einordnen. Im Wort Zubehör steckt das Verb „hören" auf den, dem es gehört. Die Technik hört auf die Wissenschaften, aber auch auf uns. Hören wir

---

[11] Martin Heidegger, Die Technik und die Kehre, Pfullingen 1962, S. 20.

auch auf die Technik? Erfinder technischer Gegenstände können eine Fehlfunktion schon in einem frühen Stadium „hören", wenn die Maschine aussetzt oder verzögert reagiert. Geoffrey Hinton, der gemeinsam mit John J. Hopfield den Nobelpreis für die Arbeiten auf dem Gebiet der neuronalen Netze bekommen hat, meint in der künstlichen Intelligenz „Außerirdische" zu hören, obwohl sie gut Englisch spricht. Er befürchtet, dass die neuen Werkzeuge Menschen manipulieren könnten.

Ich bezeichne die Technik als Zubehör, d. h., als zu einer Ausstattung gehörendes Teil. Aber was ist die Ausstattung? Die Einheit und Ordnung des Universums, in der wir unsere Zwecke verwirklichen. Wir haben uns an viele technische Einrichtungen gewöhnt, weil sie so praktisch sind und das Leben bequem machen. Ihre Vielzahl zerstreut unsere Aufmerksamkeit. Mit der Zeit müssen wir uns jedoch fragen, ob gewisse Teile des überlieferten Zubehörs sich bewährt haben oder ob sie uns schaden und wir sie durch andere Systeme ersetzen sollen. Der amerikanische Technikphilosoph Albert Borgmann, der sich intensiv mit Heideggers Technikphilosophie[12] beschäftigt hat, weist darauf hin, dass unser Platz in dieser Welt ein Zentrum haben sollte, das wir selbst gestalten; also nicht nur eine Ausstattung, die uns geliefert wird. Dieses Zentrum fordert die Gegenwärtigkeit unserer ganzen Person und ist gleichzeitig der Ort, wo wir aufmerksam unsere Mitmenschen treffen. In der Tat hängt die Technomoral an der Frage, um welches Zentrum wir die Technik verorten.

Ich habe in Abschn. 4.2 eine praktische Ethik empfohlen, welche die Trennung von Gefühl und Verstand überwindet. Zu unserer Ausstattung gehören sicher vage Ge-

---

[12] Albert Borgmann, Technology and the Character of Contemporary Life: A Philosophical Inquiry, Chicago, 1984.

10 Die Zukunft

fühle einer harmonischen Weltzugehörigkeit, die sich aber auch in ideologischer Starrheit oder religiösen Fundamentalismus konkretisieren können. Wir sind mit einem Verstand ausgestattet, der durch seine technische Ausbildung Entscheidungen sucht, die leichter zu finden sind, wenn man sie in ihrem Wirkungskreis enger begrenzt. Aber eigentlich sollten diese Entscheidungen in einem größeren Zusammenhang gesehen werden.

Man kann dabei verschiedene Methoden anwenden. Die eine Methode besteht darin, dass man eine gegenwärtige Situation in die Zukunft fortsetzt. In einem oder mehreren Szenarien betrachtet man sie als Ursache für mögliche Wirkungen. Man handelt dann so, dass man die bestmögliche Wirkung erzielt. Gelingt das, wird die Praxis als erfolgreich abgespeichert. Scheitert man, wird das Vorgehen verworfen. Man hat etwas dazugelernt. Die meisten Programme der künstlichen Intelligenz arbeiten nach dieser Methode des bestärkenden Lernens. Der Blick in die Zukunft ist jedoch schwierig, weil man auf Überraschungen gefasst sein muss, die man nicht vorhersehen kann.

Die andere Methode geht den umgekehrten Weg, nämlich von der Wirkung zur Ursache. Man sieht die gegenwärtige Situation als Folge von Ursachen in der Vergangenheit. In Retroperspektive erscheinen dann gewisse vergangene Ereignisse wichtig und bestimmend für positive oder negative Aspekte der gegenwärtigen Lage. Im folgenden Kapitel will ich deshalb die jetzige Situation im Lichte von Handlungen in der Vergangenheit betrachten. Ich beschreibe dazu einzelne Personen, die ich persönlich kennengelernt habe. Ihre Positionen zur Technomoral des zwanzigsten Jahrhunderts sind zugleich ein Nachruf und Ansporn für die Zukunft.

10.3 Überleben und Leben

Alexander Grothendieck wurde 1928 als Sohn eines russischen Juden in Berlin geboren. Seine Mutter musste nach Frankreich flüchten, er selbst überlebte den Krieg in einem kleinen Dorf im Zentralmassiv und studierte später in Montpellier. Nach der Promotion war er schnell erfolgreich. Die Mathematik hatte ihn so gebannt, dass er den Rest der Welt vergaß. Er arbeitete pausenlos, nahm sich nur die notwendigste Zeit zum Essen und Schlafen. Für seine Arbeiten auf dem Gebiet der algebraischen Topologie bekam er die Fields-Medaille, die in der Mathematik dem Nobelpreis entspricht. Durch den Vietnamkrieg auf die Welt außerhalb der Mathematik aufmerksam geworden, beendete er 1970 seine Arbeit im Institut für Hautes Etudes in Paris, weil er nicht länger vom Militär finanziert forschen wollte, und widmete sich Umweltfragen und der Antikriegsbewegung.

Alexandre Grothendieck gründete 1970 ein Magazin mit dem Namen „Survivre et Vivre". Dieses Journal verschrieb sich der ökologischen Bewegung und versuchte sie in eine neue Lebensform einzubetten, die sich damals in der Jugendrevolte formiert hatte. Das Überleben sollte mit einem erfüllten Leben gepaart sein. Die Absichten dieser Bewegung werden in einem Bulletin[13] zusammengefasst: Ziel ist der Kampf für das Überleben der Menschheit. Dieses Ziel wird durch das ökologische Ungleichgewicht und existierende militärische Konflikte gefährdet. Die gegenwärtige industrielle Gesellschaft zerstöre die Umwelt und die natürlichen Ressourcen.

---

[13] Winfried Scharlau, Wer ist Alexander Grothendieck, Oberwolfach Lecture 2006 10.14760/MISC-grothendieck-2006.

Die Dualität von Leben und Überleben war im 20. Jahrhundert für die ökologische Bewegung wegweisend. Während die Überlebensstrategie versucht, die Gefahren abzuwehren, also negativ ausgerichtet ist, soll sie von einer positiven Form des Handelns ergänzt werden, nämlich der Ausrichtung auf das Gute, das zum ursprünglichen und unmittelbaren Leben strebt. Arbeiten und Nichtstun, Gehen und Stehen, Wachen und Schlafen, Alles soll vom Geist des Lebens beseelt sein. Tägliche Verrichtungen und wiederkehrende Arbeiten sind keine Last, sondern einfaches Tun. Man lebt aus der Mitte. Wenn man sich im Rhythmus der Natur bewegt, erwachen die Sinne, die Augen sehen Neues, die Ohren hören unbekannte Musik, alle fünf Sinne zusammen fühlen, riechen und schmecken Ungeahntes. Dieses romantische Gefühl soll die Kluft zwischen der jammervollen Gegenwart und der erwarteten Zukunft überbrücken.

Um 1980 ist in Deutschland die erste Welle von Büchern zu ökologischen Fragen erschienen. Sie befassen sich mit dem Überleben,[14] den Wegen aus der Gefahr[15] und der Logik der Rettung.[16] In Retroperspektive ist es wichtig und die gegenwärtige Lage erhellend, wie die Autoren die damalige Lage analysiert haben und welche Wirkung diese Analysen hatten.

Die Autoren schreiben angesichts der Ost-West-Konfrontation, die sich in der Stationierung von Mittelstreckenraketen des Typs SS-20 im Osten und Pershing II im Westen manifestierte. Die Friedensbewegung damals richtete sich gegen die Stationierung dieser Raketen. Zusätzlich formierte sich Protest gegen den Ausbau der Kern-

---

[14] Iring Fetscher, Überlebensbedingungen der Menschheit, München 1980.
[15] Erhard Eppler, Wege aus der Gefahr, Hamburg 1981.
[16] Rudolf Bahro, Logik der Rettung, Stuttgart-Wien, 1987.

energie in Westdeutschland. Die Nutzung der Kernenergie war fragwürdig, weil in Reaktoren waffenfähiges Plutonium entsteht und eine sichere Endlagerung des nuklearen Abfalls nicht gewährleistet war. Die Katastrophe von Tschernobyl gab der Antikernkraftbewegung zusätzliche Unterstützung.

Die obigen Autoren sprechen von einer Dialektik des Fortschritts, der zwar die Lebensqualität verbessert, aber begrenzt ist, weil er mit einem steigenden Rohstoffverbrauch verbunden ist. Iring Fetscher[17] spricht von einer „befreiten Technik, deren Entwicklung von den (verschleierten) Abhängigkeiten von den Reproduktionsbedingungen des Wirtschaftssystems >frei< geworden wäre". Er empfiehlt eine Technik, die im Dienst bewusst gesetzter Ziele steht, für die sich die assoziierten Produzenten frei entschieden haben. Fetscher sieht aber auch, dass „das soziale Subjekt, das eine zukunftsorientierte reformerische Politik bestätigen und tragen kann, erst geschaffen werden muss". Er diskutiert ausführlich die Notwendigkeit, ökologisch zu wirtschaften und sieht Ansätze solidarischen Handelns in Umweltbewegungen.

Der erfahrene sozialdemokratische Politiker Erhard Eppler bestreitet, dass eine neue alte Ethik Leitsätze formulieren könnte. Er greift auf die These des Psychologen Erich Fromm in „Haben oder Sein" zurück, dass „Haben" wollen die Grundlage der kapitalistischen Konkurrenz- und Wachstumsgesellschaft ist, während das „Sein" produktive innere Entwicklung bedeutet. Das Wachstum des Bruttoinlandsprodukts sage nicht, wie es den Menschen wirklich gehe. In der Bundesrepublik[18] ist es von

---

[17] Iring Fetscher, ibidem S. 166.
[18] https://de.statista.com/statistik/daten/studie/4878/umfrage/bruttoinlandsprodukt-von-deutschland-seit-dem-jahr-1950/.

788,52 Mrd. Euro im Jahr 1980 auf 3858,3 Mrd. Euro im Jahr 2020 gestiegen (unter Berücksichtigung der Inflationsrate würde das BIP immer noch um einen Faktor zwei angestiegen sein). Eppler plädiert für eine Ethik der Lebenssteigerung, die sich durch „Mitmenschlichkeit, durch Mit-Teilen, Mit-Fühlen, Mit-Leiden, Mit-Geben, Mit-Wachsen" definiert. In der Tat hat die Bundesrepublik in den letzten 40 Jahren bei der Integration der ehemaligen DDR und der Akzeptanz von Flüchtlingen große Solidarität gezeigt. Nach seiner Ansicht [19]„kann Politik nur dann wieder mehr werden, wenn sie die Zwänge abbaut, die im politischen Getriebe die menschliche Entfaltung derer hemmt, die eine menschlichere Gesellschaft anstreben".

1980 wird die grüne Partei gegründet. Einer der Mitbegründer ist Rudolf Bahro. Obwohl er in seinem Buch „Logik der Rettung" viel politisiert, ist der Tenor seiner Rede, dass nur die Aufklärung nach innen uns vom untergehenden System des Exterminismus rettet. Er sagt[20]: „Ich empfand, dass Exterminismus nicht nur auf militärischen Overkill, auf solche Erfindungen wie die Neutronenbombe, die nur Lebendiges vernichtet, passt, sondern tatsächlich auch auf die Industriezivilisation insgesamt." In der Gegenwart formuliert die „Extinction Rebellion" (XR) den Protest gegen den Exterminismus am deutlichsten. Sie fordert, dass die Regierung die existentielle Bedrohung durch die Klimakatastrophe offiziell anerkennt, die Emission bis 2025 auf Nettonull reduziert und einen BürgerInnenrat gegen die ökologische Katastrophe einberuft. Nach Bahro beginnt „der Weg der Rettung damit, die zivilisatorische Krise in ihrer ganzen Tiefe und in ihrer bei positivistischer Trendberechnung erbarmungslosen

---

[19] Erhard Eppler, ibidem S. 240.
[20] Rudolf Bahro, ibidem S. 27.

Aussichtslosigkeit zu erfassen".[21] Damit bekennt er sich zur Fundamentalopposition, die an eine drohende Apokalypse glaubt. Sein Glaube ist nicht sehr verschieden von der Meinung Grothendiecks, dass eine Katastrophe unausweichlich auf uns zukommt. Weder Wissen noch Gegengewalt kann uns aus dieser Sackgasse herausführen. Bahro meint, „wir kommen weder praktisch noch im Verstehen an die Ursachen heran, wenn wir nicht anstatt aus Abwehr aus Urvertrauen handeln lernen". Während Eppler den alternativen Konsum oder die Askese in der Mobilität, der Heizung und im Energieverbrauch als Lösungsmöglichkeiten im Detail durchbuchstabiert, setzt Bahro[22] alles auf die Reise nach innen als „Schlüssel zu praktischen Antworten auf die megaschnelle Entfremdung". „Die ökospirituelle Bewegung ... baut auf die Ausstrahlung alles Lebensrichtigen, Biophilen, Liebevollen, mit ganzem Ansatz vollbrachten, das sich in ihr ereignet."

Die allgemeine grüne Bewegung hat sich in den letzten 40 Jahren vom Fundamentalismus abgewandt, der in Deutschland eine Minderheit darstellt. Ein Teil dieser Minderheit hat sich sogar den Querdenkern angeschlossen, die sich am rechten Rand der politischen Parteien befinden. Anklänge an deren Rezeption der 12-jährigen Geschichte des Faschismus in Deutschland sind schon bei Bahro[23] zu finden, wenn er sagt: „Ich halte die Frage nach dem Positiven, das vielleicht in der Nazibewegung verlarvt war und dann immer gründlicher pervertiert wurde, für eine aufklärerische Notwendigkeit, weil wir sonst von Wurzeln abgeschnitten werden, aus denen jetzt Rettendes erwachsen könnte."

---

[21] Rudolf Bahro, ibidem S. 302.
[22] Rudolf Bahro, ibidem S. 313.
[23] Rudolf Bahro, ibidem S. 461.

10 Die Zukunft

Die Rückschau in die Vergangenheit bezeugt, dass die spirituelle Erneuerung nicht stattgefunden hat. Aber eine kritische Aufnahme der technischen Fortschrittsidee ist sicher in der Bundesrepublik zu spüren, nicht zuletzt in den Wahlergebnissen. Die Politik vergangener Regierungen schien sich bis 2014 bewährt zu haben, erweist sich aber durch den von Russland entfachten Krieg in der Ukraine als schwer zu verteidigen, da sie auf einer einseitigen Abhängigkeit von diesem Handelspartner aufgebaut war. Der letzte kommerzielle Kernreaktor wurde 1989 in Dienst genommen, die spontane Entscheidung, die letzten Reaktoren schon Dezember 2022 abzuschalten, wurde auf April 2023 hinausgeschoben. Wenig hat sich bei der Entsorgung der nuklearen Abfälle getan. Während Eppler im kalten Winter die Zumutbarkeit von 21 °C in Innenräumen noch diskutierte, hat sich das empfohlene Maß auf 20 °C erniedrigt. Das Klimaproblem ist allgemein spürbar geworden. Im Sommer 2022 war der Temperaturdurchschnitt 19,2 Grad Celsius (°C) um 2,9 Grad über dem Wert der Referenzperiode 1961 bis 1990. Langsam scheint sich die Schere zwischen dem Gewünschten und dem Getanen zu schließen. Je nach der individuellen Situation ändern viele Menschen ihre Lebenspläne. Sie denken nach, wie sie handeln sollen, nicht mehr auf welche Weise sie ihren Nutzen maximieren können. Braucht es ein neues Fortschrittsnarrativ, das die Chancen technologischer Innovationen in den Vordergrund rückt? Die Programmiersprachen der Algorithmen und die mathematischen Formeln, auf denen die moderne Technik basiert, eignen sich immer weniger für Erzählungen. Je weniger Menschen diese Sprachen verstehen, desto mehr werden die Wissenschaft und Technik von der Wirtschaft kolonisiert.

Alexander Grothendieck hat in seinen Memoiren[24] „Recoltes et Semailles" (Ernten und Aussaaten) vom neuen Gebäude der Mathematik gesprochen, an dem er kreativ mitgebaut hat. Er behauptet, jeder müsse schöpferisch handeln, wo er auch lebt. Dies kann als Motto einer neuen Technomoral betrachtet werden.

„Der rechtmäßige Platz eines solchen Arbeiters ist nicht in einem vorgefertigten Universum, wie entgegenkommend es auch sein mag, sei es eines, das er mit seinen eigenen Händen oder denen seiner Vorgänger gebaut hat. Neue Aufgaben fordern ihn immer wieder zu neuen Gerüsten auf, angetrieben von einem Bedürfnis, auf das er vielleicht allein reagieren kann. Er gehört ins Freie. Er ist der Gefährte der Winde und scheut sich nicht, mit seiner Aufgabe ganz allein zu sein, Monate oder sogar Jahre oder, wenn es sein muss, sein ganzes Leben lang, wenn niemand kommt, um ihn von seiner Last zu befreien. Er hat, wie der Rest der Welt, nicht mehr als zwei Hände – doch zwei Hände, die in jedem Moment wissen, was sie tun, die vor den schwersten Aufgaben nicht zurückschrecken, die die heikelsten nicht verachten, und sich nie dagegen wehren, zu lernen, die unzählige Liste von Dingen auszuführen, zu denen sie aufgefordert werden können. Zwei Hände, das ist nicht viel, wenn man bedenkt, wie unendlich die Welt ist. Trotzdem sind zwei Hände viel."

---

[24] Alexandre Grothendieck, https://kongliang.wordpress.com/2017/06/21/a-translated-excerpt-from-grothendiecks-autobiography-recoltes-et-semailles/.

Vom selben Autor sind erschienen

Das Unbestimmte und das Bestimmte. Ein Versuch, das Bestimmte und das Unbestimmte zusammen zu denken. Universitätsverlag Winter, Heidelberg, 2012

The Unknown as an Engine for Science. An Essay on the Definite and the Indefinite, Springer Verlag, Heidelberg-New York, 2015

Virtuelle und mögliche Welten in Physik und Philosophie, Springer Verlag, Heidelberg, 2018

Ereignisse, Strukturen und Prozesse. Wie Geist und Natur zusammenwirken, Die Graue Edition, Zug/Schweiz, 2022

Fast Alles besteht aus Quarks, Erinnerungen eines Physikers; heibooks, Heidelberg, 2024

Technisches Glossar

Analog Stufenlose Anzeige oder Messung, z. B. durch einen Zeiger wie bei der Analoguhr. Spezielle elektrische Schaltkreise können analog rechnen.

Algorithmus Rechenprogramm, in dem Schritt für Schritt mathematische Operationen durchgeführt werden.

Autonom Selbständig nach eigenem Gesetz. Ursprünglich wird damit die unabhängige ethische Entscheidung des Menschen bezeichnet. „Autonomes Fahren" das selbständige Fahren eines Autos ohne Fahrer. Auf der dritten Stufe bis 95 km/h in Präsenz eines Fahrers.

Batterie Speicher für elektrische Energie, insbesondere der wiederaufladbare Lithiumakku, der Lithium(+)-Ionen als Ladungsträger enthält. Beim Entladen werden bei der negativen Elektrode Lithiumionen freigesetzt, die zwischen Kohlenstoffgittern lokalisiert waren. Die dadurch freiwerdenden Elektronen wandern über den äußeren Stromkreis an die positive Elektrode, Strom fließt Li(+)-Ionen driften an die positive Elektrode z. B. aus Cobalt. Da die

Bindungsenergie der Li-Ionen an der positiven Elektrode größer ist als an der negativen Elektrode, wird Energie frei.

Biomaterie Ein Material, das von biologischen Organismen wie Pflanzen, Tieren, Bakterien, Pilzen und anderen Lebensformen stammt oder von diesen produziert wird.

Bilderkennung Die Kamera konvertiert das Bild in Pixel. Das Wort „Pixel" ist eine Abkürzung für „picture (Bild)" und „element". Jedes Rasterelement des Bildes besitzt in der digitalen Darstellung einen Zahlenwert, der die Intensität und Farbe repräsentiert. Das zweidimensionale Bild wird dadurch in ein zweidimensionales Feld von Pixeln verwandelt. Die erste verborgene Schicht des Künstliche-Intelligenz-Netzwerks tastet mithilfe einer Faltung diese Eingabe ab. Eine nachfolgende Vergröberung vereinfacht das resultierende Ergebnis. Das so vereinfachte Bild wird dann mit den Bildern einer Datensammlung verglichen. Computergestützte Gesichtserkennung bezeichnet ein Verfahren zur Identifikation natürlicher Personen. Sie stellt einen Eingriff in die Privatsphäre dar und kann zur Massenüberwachung missbraucht werden.

Bilderzeugung Beim Training vergröbern Modelle die Pixeldaten schrittweise mit zufälligem Rauschen, bis sie zerstört sind, und lernen dann, diesen Diffusionsprozess umzukehren und die ursprüngliche Datenverteilung wieder zu gewinnen.

Chip Ein Computerchip ist ein kleines Stück Halbleitermaterial, z. B. Silizium, mit zahlreichen Transistoren. Die zentrale Einheit (CPU) des Chips ist der Prozessor, der die Befehle steuert, die in einem Computer ausgeführt werden. Für die künstliche Intelligenz sind Graphikprozessoren (GPU) besonders wichtig.

CRISPR (Clustered Regularly Interspaced Short Palindromic Repeats) sind DNA-Bereiche im Erbgut, die aus sich wiederholenden Abschnitten bestehen. Sie sind ein Teil des Immunsystems. Mit der CRISPR-Cas9 Methode können Gene verändert werden.

Code Ein Code ist eine Vereinbarung über die Verwendung von Zeichen, um Informationen auszutauschen.

Technisches Glossar 173

Digital Diskrete oder abgestufte Signale, die zahlenmäßig als Daten erfasst werden. Digitale Daten werden als Folge von Binärzahlen 0 und 1 kodiert. Ein Bit ist eine Stelle dieser Binärzahl.

Energie Ursprünglich als „lebendige Kraft" eingeführt, um die Größe der Bewegung eines Körpers zu beschreiben. Als kinetische Energie nimmt sie mit dem Quadrat der Geschwindigkeit zu. Sie existiert nicht nur als mechanische Energie, sondern auch als elektrische, chemische und Wärmeenergie. In einem abgeschlossenen System ist die Gesamtenergie enthalten. Erneuerbare Energien im Gegensatz zu fossilen Energien sind unerschöpflich. Man versteht darunter Sonnen- und Windenergie, Wasserkraft und Biomasse. 2024 war der Anteil der erneuerbaren Energien an der Stromerzeugung 55 %, davon 14 % Sonnen- und 28 % Windenergie, Wasserkraft 4 % und Biomasse 9 %. Speicher (*siehe oben* Batterie) sind notwendig, um das Überangebot zu regeln. 16.800 km Hochspannungsleitungen sollen nach der Bundesnetzagentur neu gebaut werden, um den Strom zu transportieren. Der gesamte Energieverbrauch im 1.–3. Quartal 2024 setzte sich aus 20 % erneuerbaren Energien, 7,5 % Braunkohle, 7,2 % Steinkohle, 37,2 % Mineralöl, 24,9 % Erdgas + Stromaustausch zusammen.

Fake News Fehlinformationen sind falsche Informationen wie übertriebene Überschriften, Satiren, Zeitungsenten, die in Umlauf gebracht werden. Als Fake werden irreführende und falsche Informationen bezeichnet, die vorsätzlich Menschen täuschen sollen. Zu solchen Desinformationen gehören manipulierte Bilder, verkürzte Zitate, falsche Statistiken, Lügen und Gerüchte. Sie verbreiten sich besonders leicht über soziale Medienkonten.

Gas Nach dem Ausfall der Versorgung mit russischem Erdgas wurde Gas mit Pipelines von Norwegen (46 %), Niederlande (32 %) und Belgien (16 %) eingeführt. Flüssigerdgas macht nur einen kleinen Anteil aus (6 %).

Genom Genom bezeichnet die Gesamtheit des Erbguts einer Zelle. Das Genom einer Zelle ist ein DNA-Doppelstrang, bei dem die beiden Stränge räumlich die Form einer Doppelhelix bilden. Die Abschnitte der DNA dienen als Anleitung für den Aufbau der RNA-Stränge, die Proteine aufbauen. Reis wurde gentechnisch mit einem Gen der Narzissen verändert, welches das Vitamin A produziert. Die Züchtung ist umstritten. Ein Test, dass der Verzehr die Gesundheit schädigt, wurde zurückgezogen. Es ist nicht leicht einzusehen, wie ohne Erhöhung der Produktivität die wachsende Erdbevölkerung ernährt werden kann. CRISPR ist im Gegensatz zur Züchtung eine gezielte Änderung des Genoms und hauptsächlich noch in der Forschungsphase.

Implantat Herzschrittmacher, Gefäßprothesen (Stents), Intraokularlinsen, Gelenkersatz und Zahnimplantate sind gängige medizinische Verfahren. Umstritten sind Implantate zur tiefen Stimulation des Gehirns. Die Firma Neuralink hat einen Chip in ein menschliches Gehirn eingesetzt, der die Verbindung zwischen Gedanken und körperlichen Reaktionen überwacht und beeinflusst.

Kernenergie Die Bindungsenergie pro Nukleon im Atomkern variiert mit der Größe des Atomkerns. Sie ist minimal für sehr große und sehr kleine Kerne. Man kann deshalb Energie gewinnen durch Spaltung großer Kerne und durch Fusion kleiner Kerne. Die entsprechenden Instrumente sind Kernreaktoren und Fusionsreaktoren. Zurzeit arbeiten ungefähr 200 Spaltreaktoren weltweit. Deutschland hat 2023 den letzten Reaktor abgeschaltet. Die Handhabung des radioaktiven Restmülls ist ungeklärt. Während die Ökonomie der Nukleartechnologie umstritten ist (die letzten französischen Projekte hatten eine lange Konstruktionsphase und waren teuer), wird ihre Wiedereinführung wieder diskutiert. Insbesondere Minireaktoren mit 100 Megawatt Leistung im Vergleich zu 1000 Megawatt Leistung konventioneller Reaktoren werden propagiert. Sie sollen industriell hergestellt werden und sicherer sein, da sie weniger radioaktives Material nutzen. Die Kosten erhöhen sich durch die größere Anzahl. Fusionsreaktoren sind noch immer im Forschungsstadium.

Klimawandel Historische Ereignisse wie die europäischen Hitzewellen 2003 und 2018 haben Temperaturrekorde aufgestellt. Die Fluktuationen im Klima sind groß. Graduelle klimatische Änderungen auf der Erde aber sind ohne Zweifel nachweisbar. Wenn man den globalen Temperaturindex der Oberflächentemperaturen von Land und See in der Zeit 1880–2020 relativ zum Mittelwert von 1951–1980 aufträgt, ist ein klarer Anstieg zu erkennen. Zwischen der vorindustriellen Zeit und jetzt ist ein ungefähr Zuwachs von 1–1,5 °C zu sehen, der in den späteren Jahrzehnten zugenommen hat.

Klimamodelle Um die langsame Klimaänderung zu verstehen, erstellt man Klimamodelle, die die natürlichen Einflüsse von Sonnenaktivität und Vulkanausbrüchen berücksichtigen. Sie erlauben es, diese Einflüsse von Effekten abzugrenzen, die der Mensch in Form von ansteigenden Treibhausgasen, Aerosolen und Ozonschwankungen verursacht hat. Typische Klimamodelle legen ein Gitter von Punkten im Abstand von 40 km über die Erdoberfläche und setzen dieses Gitter bis in die Höhe von 80 km fort. An jedem Knoten des Gitters werden die relevanten Parameter der Gase simuliert. Die Simulation identifiziert keine Ursachen, sondern antreibende Prozesse wie die Blockierung von Wärmeabstrahlung durch Treibhausgase, das Auftreten von Strömungen im äquatorialen Pazifik (El Niño) oder die Druckdifferenz im Nordatlantik zwischen Tropen und Arktis. Zu den umfangreichen Eingriffen des Menschen in das Ökosystem der Natur zählen Waldrodungen, intensive Landwirtschaft, das Verbrennen fossiler Brennstoffe (Kohle, Erdgas, Erdöl) und die Verbreitung von Schadstoffen. Nicht nur die Treibhausgase CO_2 und Methan, sondern auch die Stickoxide, Ozon und die Fluorkohlenwasserstoffe sind im Zusammenhang mit dem anthropogenen Temperaturanstieg relevant.

Künstliche Intelligenz Die künstliche Intelligenz (KI) „lernt" durch die Eingabe von Daten (Input) und benutzt die daraus resultierenden Ergebnisse (Output). Sie hat also nicht die Funktion eines Lexikons, in dem Begriffe nachgeschlagen oder Bilder verglichen werden. Neuronale Netzwerke mit mehreren Schichten von Neuronen modellieren so nichtlineare Zusammenhänge zwischen Input- und Output-Daten. Der Algorithmus, der die Gewichte in den verschiedenen Schichten an die eingelesenen Lernbeispiele anpasst, funktioniert nach dem Prinzip der „backward propagation", einem nach rückwärts gerichteten Fitverfahren, das sich von einer Schicht auf die jeweils vor ihr liegende zurückarbeitet und die zugehörigen Parameter bestimmt. Beim überwachten Lernen wird jedes Lernereignis bei der Eingabe begutachtet und diese Wertung wird bei der Wahl der Parameter berücksichtigt.

Photovoltaik Photovoltaik beruht auf dem Photoeffekt. Ein Lichtquant befreit ein gebundenes Elektron aus seiner Bindung. Bei der Photovoltaik überträgt das Photon seine Energie an die locker gebundenen Elektronen im Silizium. Die freien Ladungsträger driften – bewegt vom internen elektrischen Feld – zu den Kontakten. Ein Strom fließt und die Elektronen rekombinieren mit den zurückgelassenen Leerstellen im Silizium. Der so erzeugte Strom ist preisgünstig, da die Kosten für die Halbleitertechnologie stetig gesunken sind.

Quantencomputing Quantenrechnen beruht auf der Quantenmechanik, der Theorie der mikroskopischen Materie, welche die Zustände durch Wellenfunktionen beschreibt, im Gegensatz zur Orts-Geschwindigkeits-Darstellung klassischer Objekte. Die grundlegende Informationseinheit ist das Qubit anstatt des Bit im klassischen Computing. Ein Qubit existiert als Überlagerung der beiden „Basis"-Zustände 1 und 0 (eine Art Zwischenzustand). Quantenalgorithmen ermöglichen, Berechnungen effizient durchzuführen, indem sie aus verschiedenen Zuständen die Wahrscheinlichkeit entnehmen, mit der sie übereinstimmen. Fehler können im Quantencomputing aus dem Rechnen mit Wahrscheinlichkeiten entstehen oder indem die physikalischen Zustände ihre Eigenschaften einbüßen, weil sie an eine klassische Umgebung ankoppeln.

Raumfahrt Damit ein Satellit eine Umlaufbahn in mehr als 100 km Höhe erreicht, braucht es mindestens eine Geschwindigkeit von 7,9 km/sec in horizontaler Richtung. Die kommerzielle Falcon 9 von Space X kann 23 t ins All befördern und ein Start kostet ungefähr 68 Mio. Dollar (423-mal gestartet und 379-mal kam die erste Stufe wieder zurück). Das Starship X soll 150 t befördern, der letzte Test am 16.1.2025 ist fehlgeschlagen. Neben Mondlandungen sind Marsmissionen geplant. Die Satelliten nutzen der Forschung, der Astronomie, der Erdüberwachung, dem Internet und dem Militär.

Spracherkennung Spracherkennungssysteme wie SIRI oder ALEXA beruhen auf der Verarbeitung von akustischen Zeitreihen. Die Wörter sind Elemente in einem hochdimensionalen Raum mit ähnlichen Wörtern nebeneinander. Die Erkennung profitiert von den Gewichten der verborgenen Schicht des neuronalen Netzes zu einer früheren Zeit. Damit hat das Netzwerk eine Art von Gedächtnis.

Turing Machine Die Turingmaschine formalisiert Algorithmen. Mit nur drei Operationen (Lesen, Schreiben und Schreib-Lese-Kopf bewegen) kann sie Computerprogramme simulieren und damit die Berechenbarkeit von Problemen quantifizieren.

Virtuell Eine Computersimulation versetzt den Betrachter per Tastendruck in eine virtuelle Welt, die er nach seinen eigenen Wünschen manipulieren kann. Eine Cyberbrille ermöglicht dem Betrachter, sich direkt in einen Raum zu begeben, der auf alle seine Bewegungen reagiert. Mit virtuellen Computersimulationen kann man technische Geräte testen, bevor sie in Betrieb genommen werden. In Filmen wie „Matrix" fragen sich die Zuschauer, ob sie in einer Simulation der Realität leben. Wie soll man sich verhalten, wenn man meint, Teil eines gigantischen Programms zu sein? Normal weitermachen!

GPSR Compliance
The European Union's (EU) General Product Safety Regulation (GPSR) is a set of rules that requires consumer products to be safe and our obligations to ensure this.

If you have any concerns about our products, you can contact us on

ProductSafety@springernature.com

In case Publisher is established outside the EU, the EU authorized representative is:

Springer Nature Customer Service Center GmbH
Europaplatz 3
69115 Heidelberg, Germany

www.ingramcontent.com/pod-product-compliance
Lightning Source LLC
LaVergne TN
LVHW020330260326
834688LV00037B/965